Im Fadenkreuz
der Walfänger

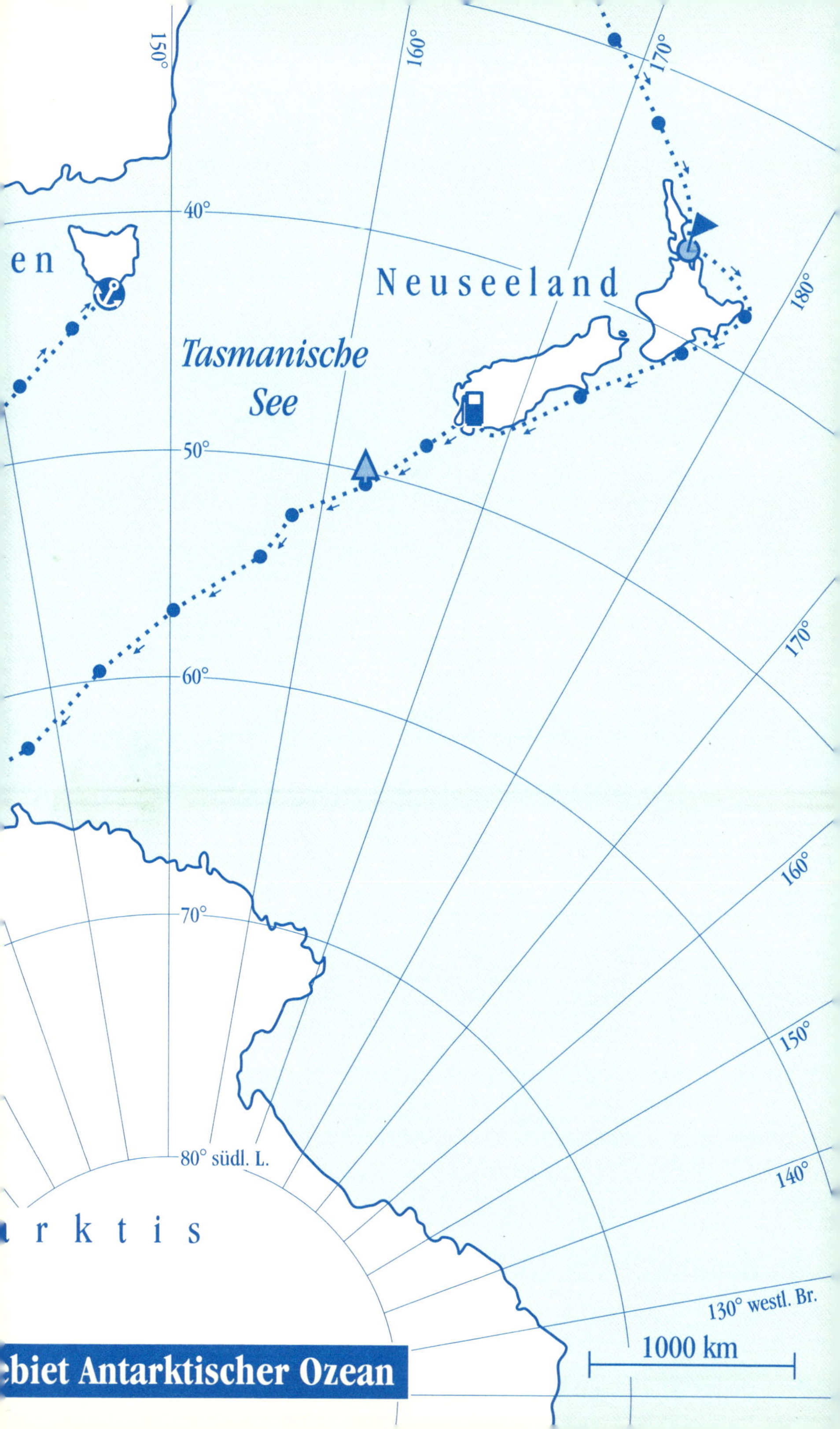

biet Antarktischer Ozean

Regine Frerichs
mit Daniel Oliver Bachmann

Im Fadenkreuz der Walfänger

Bordtagebuch einer Greenpeace-Aktivistin

KOSMOS

Fotos: Kate Davison/Greenpeace (Tafel 1 oben; 4 unten; 8 unten; 11; 12 oben; 16 unten), Paul Hilton/Greenpeace (Tafel 15 oben), Ralf Kiefner/Greenpeace (Tafel 3 oben), Doug Perrine/Greenpeace (Tafel 3 unten; 16 oben), Jiri Rezac/Greenpeace (Tafel 1 unten; 2; 4 oben beide; 5 bis 7; 8 oben; 9; 10 unten; 14), Jeremy Sutton-Hibbert/Greenpeace (Tafel 10 oben; 12 unten; 13; 15 unten)

FSC
Mix
Produktgruppe aus vorbildlich bewirtschafteten Wäldern und anderen kontrollierten Herkünften
www.fsc.org Zert.-Nr. GFA-COC-1223
© 1996 Forest Stewardship Council

Unser gesamtes lieferbares Programm und viele weitere Informationen zu unseren Büchern, Spielen, Experimentierkästen, DVDs, Autoren und Aktivitäten finden Sie unter **www.kosmos.de**

1. Auflage 2008

ISBN 978-3-440-11559-6
Printed in Germany / Imprimé en Allemagne

Inhalt

Kapitel 1

Esperanza heißt Hoffnung

22. Oktober 2007

Abflug

Flughafen Fuhlsbüttel, Hamburg, 8:00 Uhr, Regen.

Einer von uns fliegt an diesem regnerischen, grauen Tag nicht in den Urlaub. Nicht nach La Palma, nicht ans Rote Meer, nicht nach Mallorca. Zu keinem dieser Traumziele deutscher Winterflüchtlinge, die nach und nach auf der Abflugtafel erscheinen. Für einen Moment finde ich mein eigenes Ziel nicht, was genügt, um meine Anspannung zu verstärken. An diesem Morgen bin ich bereits mit einem Kribbeln im Bauch aufgewacht. Wie immer fiel mein erster Blick auf das Wasser der Süderelbe, die vor meinem Haus vorüberzieht. Der Gezeitenschub drückte gegen die Strömung, Wind peitschte das Wasser auf und sorgte für heftigen Wellengang auf dem Fluss. Regenböen prasselten gegen mein Schlafzimmerfenster. Gegenüber sah ich die Bunthäuser Spitze, den südlichsten Zipfel von Europas größter Flussinsel, im grauen Einerlei liegen.

Alles in allem, dachte ich, doch ein perfekter Tag, um in die Antarktis zu reisen. Jetzt aber, in diesem Pulk gutgelaunter Urlauber, bin ich mir da nicht mehr sicher. Zu viel steht auf dem Spiel. Ich stelle mir vor, wie es dagegen wäre, einfach nur in den Urlaub zu fliegen. Die grauen Wintertage gegen die Sonne, das Licht und die Schönheit von La Palma einzutauschen. Schließlich kann man auch auf den Kanarischen Inseln Wale finden, und einige der Urlauber werden diese Gelegenheit nutzen: Sie werden auf Whale-Watching-Booten hinaus auf den Atlantik fahren und mit etwas Glück diese wunderbaren Tiere sehen, die so unwirklich groß sind, dass man automatisch die Luft anhält. Vor ihnen wird sich ein grauer Rücken aus dem Wasser erheben, in majestätischer Pracht. Zuerst werden sie erschrecken, dann aber Kameras zücken und vor lauter Staunen kaum zum Abdrücken kommen. Denn da taucht ein Kopf auf, so nahe am Boot, dass die Intensität des Augenblicks alle in Bann schlägt. Zum Glück muss keiner der Touristen den dumpfen Knall einer Harpune hören. Es muss keiner mit ansehen, wie Metallhaken im Körper des Wals einschlagen und eine Granate seine Innereien zerreißt. Der Wal versucht noch zu fliehen, aber die Männer auf dem Walfänger schießen mit Gewehren in den zuckenden Körper, immer und immer wieder. Das Meer färbt sich blutrot, das mächtige Tier kämpft um sein Leben, bis es jämmerlich ertrinkt, weil es den Kopf nicht länger über Wasser halten kann.

All das müssen die Urlauber nicht erleben, aber ich. Diese Ereignisse werden weit weg von den Kanarischen Inseln stattfinden, in den Gewässern der Antarktis. Dort, wo die Walfänger trotz des extremen Klimas bereits seit Jahrhunderten ihr blutiges Handwerk betreiben. Heute dürfte sich die japanische Fangflotte gar nicht in dieser Region aufhalten, denn sie gehört zu einem internationalen Schutzgebiet. Doch das Fischereiministerium von Japan kümmert sich nicht um die Gesetze. Trotz des Walfangmoratoriums von 1982 schickt es jedes Jahr Schiffe los, die unter dem Deckmantel des wissenschaftlichen Walfangs mittlerweile jährlich wieder mehr Tiere erlegen als zum Ende des kommerziellen Walfangs.

Ich weiß, dass die kommenden Monate zu den härtesten meines Lebens zählen werden, und ich weiß auch, dass es lebensgefährliche Situationen geben kann. Aber vor allem weiß ich, dass keiner der Menschen neben mir, die sich auf ihren wohlverdienten Urlaub freuen, diesen verbotenen Walfang billigt. Schon gar nicht, wenn sie von einer Whale-Watching-Tour zurückkehren. Dieses Wissen hilft mir, das zu tun, was getan werden muss: die Ausrottung der Wale zu verhindern.

Auf der Anzeigentafel erscheint mein Flugziel, Seoul, Südkorea, und ich mache mich auf den Weg. 35 Kilogramm Gepäck schleppe ich mit mir – vom Überlebensanzug bis zu extrawarmen Socken. Eine Welle der Erleichterung steigt in mir auf: Endlich geht es los, und ich muss nicht mehr zwischen fröhlichen Urlaubern stehen und warten.

23. Oktober 2007

Willkommen in der Eisklasse

Ich liebe das Meer und die Seefahrt. Obwohl ich keinen Seebären in meiner Familie habe und auch sonst niemanden kannte, der die Weltmeere bereiste, war das Wasser schon immer mein Freund. Wenn ich das Meer nur sehe, fühle ich mich magisch angezogen von dieser fremden Welt. Auf dem Wasser fühle ich mich zu Hause, und da Wasser das beherrschende Element unserer Erde ist, bin ich ein glücklicher Mensch.

Dabei wissen wir über die Weltmeere, die immerhin 71 Prozent des Globus bedecken, so wenig. „Nicht nur aus Neugier sollten wir die Ozeane erforschen", hat John F. Kennedy einmal gesagt, „unser Überleben könnte davon abhängen." Recht hatte er. Doch seither hat sich in Sachen Meeresforschung nicht viel getan. Unsere Kenntnisse über den Kosmos sind weitaus größer als unser Wissen über die verborgenen Geheimnisse unter Wasser. „Würden wir für die Erforschung des Alls so wenig Geld ausgeben wie für die Erforschung der Meere, wären wir nicht einmal bis auf den Mond gekommen", ist die einhellige Meinung der Ozeanografen. Immer wieder sind Quantensprünge in unserem Verständnis der Unterwasserwelt allein dem Wissensdurst einzelner Menschen zu verdanken. So wie 1960, als es dem Franzosen Jacques Piccard und dem Amerikaner Don Walsh gelang, mit einem Mini-U-Boot elf Kilometer in den Marianengraben hinabzutauchen, zum tiefsten erreichbaren Punkt der Erde. Eine Rekordfahrt, die bislang nicht wiederholt wurde.

Das Meer zeigt dem Menschen schnell seine Grenzen auf. Mit jedem Meter, den man unter Wasser sinkt, lasten anderthalb Tonnen zusätzlicher Druck auf dem Körper. Beim Tauchen mit Atemgerät wird die eingeatmete Luft mit jedem Meter Tiefe komprimiert und vom Blutkreislauf aufgenommen. Gase wie Stickstoff dringen ins Blut. Taucht man zu schnell auf, dehnen sich die zuvor komprimierten Gase im Körper durch den nachlassenden Druck zu schnell aus, was tödlich enden kann. Pottwale haben dieses Problem nicht. Sie sind sozusagen Apnoetaucher. Sie holen an der Wasseroberfläche Luft und mit der zunehmenden Tiefe wird das gesamte Luftvolumen der Atemwege in die Blutbahnen und Körpergewebe gedrückt. Ihre Lunge kann sogar komplett zusammenfallen. Beim Menschen muss immer ein Restvolumen Luft in der Lunge verbleiben. Untrainiert können wir ohne Atemgerät kaum 20 Meter tief tauchen. Pottwale gehören zu den Tieren, die am tiefsten tauchen können. Sie finden ihre Nahrung noch in 3.000 Metern Tiefe. Eine gewaltige Leistung, die ihnen einen Lebensraum erschließt, der uns Menschen fremd bleibt.

Im Durchschnitt sind die Ozeane ungefähr 4.000 Meter tief. Gründlich erforscht wurde bisher lediglich der Bereich bis 50 Meter Tiefe. So ist es kein Wunder, dass jeder Tieftauchgang eine Vielzahl neuer Spezies hervorbringt. Wie augenlose Spinnenkrabben, die sich an den 400 Grad heißen Wasseraustritten der sogenannten Schwarzen und Weißen Raucher ansiedeln. Oder schneeweiße Springkrebse, die sich um die eiskalten Quellen im Golf von Mexiko tummeln. Oder Lebensformen wie Riesenkalmare, die schon immer zu den Mythen der Seefahrt zählten und in Mägen von Pottwalen gefunden wurden. Weil die Weltmeere für den Menschen ein so unbekannter Lebensraum sind, unternimmt das Ocean Biographic Information System seit vielen Jahren eine Art Volkszählung der Lebewesen unter Wasser. Bis 2010 werden die Biologen über zwei Millionen unbekannte Mikroben, Fische und Säugetiere entdeckt haben.

Wer heute mit dem Schiff die Ozeane befährt, überquert also einen Lebensraum, der uns Menschen so fremd ist wie Mars, Venus oder Pluto. Für mich ist diese Vorstellung sehr faszinierend. Mein Studium und meine Ausbildung zur Forschungstaucherin haben mir einmal mehr das Wunder „Planet Erde“, das Leben, Erdgeschichte und Evolution näher gebracht. Und so genieße ich das sinnliche Erleben auf und in den Weltmeeren und suche und sehne mich nach Momenten, in denen ich unseren Planeten und das Leben spüren kann. Wie in den unendlichen Weiten des Pazifiks, wenn die Sonne am Horizont im Wasser zu versinken scheint, die Welt erst wie im Feuer glüht, um langsam alle Farben zu verlieren, und sich allmählich eine vollkommene Dunkelheit wie ein Tuch über das Meer legt. Es sind diese Momente, die mich zum Wesentlichen führen: Die Natur bietet uns Schönheit im Überfluss. Es gehört zu unseren wichtigsten Aufgaben, diese Schönheit vor der Zerstörung durch uns selbst zu schützen.

In dieser Stimmung, irgendwo zwischen Verantwortungsgefühl, Abenteuerlust und Furcht vor dem, was mich in der Antarktis erwarten wird, klettere ich in Seoul aus dem Flugzeug. Heiße, feuchte Luft schlägt mir ins Gesicht. Das ist der Unterschied zu einer Schiffsreise: Auch wenn die vierzehn Stunden seit Abflug in Hamburg nicht gerade in Windeseile vergangen sind, ist es immer ein Schock, unvermittelt eine neue Klimazone zu betreten. Doch bleibt mir keine Zeit, darüber nachzudenken. Ich zerre meine Ausrüstung vom Band und lenke den schwankenden Berg von Taschen hinüber zum Zoll. Ich habe Glück: Die Beamten werfen nur einen kurzen Blick darauf und winken mich weiter. Vielleicht ist ihnen auch zu heiß.

Asien ist für mich der Kontinent der freundlichen Gesichter, und Südkorea macht keine Ausnahme. Eine Traube lachender Menschen erwartet die Ankommenden. Schilder werden in die Höhe gehalten, in allen Sprachen dieser Erde, wie mir scheint. Auf einem lese ich den Namen „Esperanza", Freude und Erwartung steigen in mir auf. Esperanza – Hoffnung. Kann ein Schiff, das dem Schutz der Meere dient, einen besseren Namen tragen? Denken wir nur an unsere Atmosphäre: 50 Prozent des Sauerstoffs wird von der Flora der Ozeane produziert. Anders gesagt, der Sauerstoff in jedem zweiten Atemzug kommt aus dem Meer. Der Erhalt von Fauna und Flora in den Ozeanen ist für uns Menschen schlicht und einfach überlebenswichtig. Und für mich gehören die Wale dazu.

Vom Flughafen fahren wir in einem kleinen koreanischen Bus nach Masan, einer Hafenstadt in der Provinz Süd-Gyeongsang, ungefähr eine Autostunde entfernt. In Masan liegt die *Esperanza* im Hafen. Das ehemalige Feuerlöschschiff der russischen Regierung wurde von Greenpeace 2002 nach unseren Bedürfnissen umgebaut. Neben der Hubschrauber-Landemöglichkeit bietet es ein Satelliten-Kommunikationssystem, einen Treibstoff sparenden Antrieb sowie FCKW-freie Kühlsysteme. Seit dem Umbau ist es pausenlos im Einsatz – zum Schutz des Regenwaldes am Amazonas oder bei Aktionen gegen die Schleppnetzfischerei im Nordostatlantik, auf der SOS-Weltmeer-Tour rund um die Welt oder auf der Jagd nach Piratenfischern vor der westafrikanischen Küste. Auf allen Reisen musste die *Esperanza* ihre Stärken unter Beweis stellen. Selbst in den unwirtlichen Gegenden der Antarktis kommt sie zurecht. Mit einer Länge von 73 Metern, 6.000 PS und einer Geschwindigkeit von 17,5 Knoten kann sie es mit der japanischen Fangflotte aufnehmen. Außerdem hat sie „Eisklasse". Das bedeutet, ihr Rumpf ist so stark, dass sie in eisführenden Gewässern fahren kann.

Gerade will ich mein Gepäck die enge Gangway hinaufschleppen, als mir Hughie entgegenkommt. Hughie ist unser Helikopterpilot, ein Mann mit jahrzehntelanger Flugerfahrung. Die ist auch dringend nötig, denn das Fliegen in der Antarktis ist kein Spaziergang, und das manchmal stark schwankende Helideck erfordert eine Punktlandung, die keine Fehler toleriert. Die Filme und Fotos aus Hughies Cockpit, die zum ersten Mal aus dieser Perspektive einer geschockten Öffentlichkeit die Vorgehensweise der Waljäger zeigten, gingen um die Welt. Wir kennen uns bereits von meinen letzten beiden Antarktis-Fahrten und begrüßen uns mit dem Gefühl einer Verbundenheit, die Menschen zusammenschweißt, welche Besonderes miteinander erlebt haben. Dankbar lasse ich ihn mein größtes Gepäckstück die steilen Stufen hinauftragen.

An Bord ist der Crew-Wechsel in vollem Gange, der ungefähr alle drei Monate stattfindet, je nachdem, ob und wann ein passender Hafen angelaufen werden kann. Jetzt, wo es ins ewige Eis geht, ist vor allem – und natürlich besonders beim Kapitän – Polarerfahrung gefragt. Außerdem brauchen wir Bootfahrer, die Schlauchboote durchs Eis steuern können, Meereskampaigner, die sich mit Fauna und Flora der Antarktis und vor allem mit Walen auskennen, und Pressesprecher, die möglichst seefest sind. Besatzung und Schiff ergänzen sich also bestens. Übrigens ist die *Esperanza* nicht das einzige eistaugliche Schiff von Greenpeace: Auch die *Arctic Sunrise,* ein Eisbrecher, gehört zu unserer Flotte. Sie machte vor zwei Jahren, auf meiner ersten Fahrt in die Antarktis, gemeinsam mit der *Esperanza* Jagd auf die Jäger. Als ehemaliges norwegisches Forschungsschiff ist die *Arctic Sunrise* für Polarregionen gut gerüstet und mit ihrem riesigen Aktionsradius – einmal um die ganze Welt, ohne aufzutanken – für Greenpeace-Einsätze prädestiniert. Weiter gehört zur Flotte noch die *Rainbow Warrior 2,* die Nachfolgerin der vom französischen Geheimdienst im Jahr 1985 versenkten *Rainbow Warrior.* Bei diesem Attentat, das im Hafen von Auckland in Neuseeland verübt wurde, kam der Greenpeace-Fotograf Fernando Pereira ums Leben. Das damalige Flaggschiff von Greenpeace hatte an Protesten gegen die französischen Atomwaffenversuche auf dem Mururoa-Atoll teilgenommen – die Antwort der französischen Regierung war eine Bombe ihres Geheimdienstes. Auch die *Rainbow Warrior 2* bekam, kurz nachdem sie in Dienst gestellt wurde, die Gewaltbereitschaft der französischen Regierung zu spüren: Sie wurde nach weiteren Protesten gegen die Atombombenversuche von der Marine gerammt und geentert.

Während ich mich auf der *Esperanza* umsehe, treffe ich Leute, die ich von früheren Einsätzen und Aktionen her kenne. Jedes Mal gibt es ein großes Hallo. Daneben sehe ich auch viele neue Gesichter. Auf dieser Tour werden wir 35 Besatzungsmitglieder aus 20 Nationen sein. Bei all den Idiomen, die in einer solch international gemischten Besatzung aufeinandertreffen, hilft uns das Englische als allgemeine Bordsprache. Da ich einmal ein halbes Jahr in Kanada gelebt habe und mich meine internationalen Einsätze oft ins Ausland führen, spreche ich diese Sprache mittlerweile besser, als meine Lehrer es mir jemals zugetraut hätten. Im Aufenthaltsraum treffe ich Sabine und Bent, zur Zeit außer mir die einzigen Deutschen an Bord. Sabine kenne ich bereits und freue mich, sie wiederzusehen. Bent habe ich nur einmal beim Crew-Wechsel in Südafrika getroffen. Ein typischer Vertreter seiner Art aus Norddeutschland: wortkarg, mit trockenem Humor. Schnell landet unser Gespräch bei den Möglichkeiten einer Hauptbeschäftigung für lange Abende an Bord: Wer hat welche DVDs dabei? Ich preise die Serie *Stromberg* an, von der ich die gesamte erste Staffel eingepackt habe. Bent kennt sie nicht. Ich kann sie nicht wirklich beschreiben. Die muss man gesehen haben! Aber Sabine bestätigt, was ich lachend zu erklären versuche, und so werden wir bei der kommenden Fahrt nach Neuseeland den einen oder anderen Abend einen Heidenspaß beim *Stromberg*-Gucken haben.

Tatsächlich sollte man sich gut ausrüsten, muss man mehrere Monate auf einem Schiff verbringen. Kurz mal um die Ecke zum Einkaufen geht ja nicht. Wer vergessen hat, seine Lieblingsmusik, Bücher und Filme einzupacken, bekommt auf einmal viel Zeit zum Nachdenken oder muss auf die kleine Bordbibliothek zurückgreifen, in der jeder seine Bücher zurücklässt, die er nicht mehr mitnehmen möchte. Umgekehrt werden wohl aber die Bücher mitgenommen, die gut gefallen haben. Und so scheint die Bibliothek ein gut gefülltes Restelager ungeliebter Bücher zu sein. Aber es gibt nicht nur Dinge zur Anregung oder Abstumpfung des Geistes, es gibt auch Möglichkeiten, den Körper fit zu halten: Ein kleiner Fitnessraum ist tief im Schiffsinneren eingerichtet, durch das Engagement einiger aktiver Crew-Mitglieder. Davon profitieren jetzt alle, die an Bord kommen, und das Angebot wird gern genutzt. Weiterhin gibt es noch eine Sauna, deren Besuch vor allem in der Antarktis ein Erlebnis ist, wenn draußen Eisberge vorbeitreiben und man hinterher im Zwielicht der knapp hinter dem Horizont verschwundenen Sonne Eiskristalle in der Luft flirren sieht.

Die nächsten Tage stecken voller Arbeit. Das Leben an Bord muss organisiert werden. Und damit fange ich auch gleich an. Als Erstes beziehe ich meine Kabine, die mit einer Größe von knapp sechs Quadratmetern nicht gerade geräumig ist, vor allem, weil ich sie noch teile. Faye kommt aus Bombay in Indien und hat sich schon so weit wie möglich eingerichtet. Viele Möglichkeiten gibt es nicht: Wir haben einen Schrank, eine Sitzbank, zwei Kojen übereinander und ein Waschbecken. Zwei Schritte, und die Kabine ist durchquert. Zumindest kann man sich nicht verlaufen. Ganz anders ist es auf dem Schiff. Ich selbst kenne die *Esperanza* mittlerweile in- und auswendig. Für die Neuankömmlinge ist es wichtig, so schnell wie möglich alle Flure, Treppen, Türen und Durchgänge kennenzulernen. Im

Notfall ist dieses Wissen lebensrettend. Meine Kabine befindet sich auf dem Hauptdeck, also recht weit unten im Schiffsbauch. Auf demselben Deck wie der Essensraum, die Küche, der Maschinenkontrollraum und die Sauna. Hier hört man noch ganz gut das Brummen der Hauptmaschinen und Generatoren, dafür ist das Geschaukel bei Seegang nicht so heftig wie auf den Decks weiter oben.

Nachdem ich aus meiner 35-Kilo-Habe so gut es geht ein Zuhause gebaut habe, gehe ich durchs Schiff, um einfach herumzustöbern, um zu sehen, ob es Neues gibt und ob ich noch Bekanntes vom Vorjahr wiederentdecke. Die Werkstatt der Matrosen und des Bootsmanns ist gleichzeitig der sogenannte Nassraum, in dem die Ausrüstung der Bootfahrer gelagert wird. Hier finde ich auch einen Platz für meinen Überlebensanzug. Der allein hat zwar mehr als sieben Kilo meines Gepäcks ausgemacht, aber an Bord weiß man nie genau, wie viele Anzüge da sind und in welchen Größen. Da verlasse ich mich lieber auf meinen eigenen, der passt und ist bequem. Nachdem ich mich zweimal vergewissert habe, dass er gut verstaut, aber jederzeit greifbar ist, steige ich die steilen Treppen bis zur Brücke hoch. Ich denke mit Grausen daran, wie oft ich diese Stufen in den nächsten Wochen rauf- und runtergehen werde. Und zwar nicht im friedlichen Hafen, sondern vor allem nachts während der Wache, bei Sturm und Wellengang.

Wieder auf dem Hauptdeck angekommen, zieht es mich zum Black- und Whiteboard, den beiden Hauptinformationstafeln für die Crew. Mehrfach täglich kommt jeder hierher, um die Aufgabenpläne und Schichteinteilung zu studieren. Hier hängt auch die Liste der Nachtwache. In den Häfen dieser Welt müssen Schiffe immer sorgsam bewacht werden, unter anderem wegen blinder Passagiere, die schnell einmal über die Vertäuseile aufs Schiff gelangen. Da ich meinen Namen nicht auf der Liste finde, habe ich den Abend frei. Und einen Feierabend im Hafen verbringen alle Seefahrer dieser Welt auf die gleiche Weise: Sie steuern die nächste Kneipe an. So mache auch ich mich auf den Weg. Allerdings ist der Teil des Hafens von Masan, in dem die *Esperanza* zwischen Containerschiffen vertäut liegt, nicht gerade das, was man sich landläufig unter einem Hafen vorstellt. Wenig Wasser, dafür viele Container, Kräne, lange, öde Straßen, halb verfallene Lagerhallen. Der Charme einer noch lebenden Industriebrache begleitet ein paar Kollegen und mich bei der Suche nach dem Ausgang aus dem Hafen.

Als ich am nächsten Morgen aufwache, weiß ich für einen kurzen Augenblick nicht, wo ich bin. Nein, das liegt nicht am koreanischen Wein, den ich in der Hafenkneipe bestellt habe, wohl eher daran, dass meine Seele noch nicht angekommen ist. Nach einem Interkontinentalflug brauche ich immer einige Tage, um mich wieder vollständig zu fühlen. In der Koje über mir höre ich Faye bereits rumoren. Ich sehe auf die Uhr, die 7:30 Uhr anzeigt, und im selben Moment klopft es schon an der Tür: „Wake up! Seven thirty!" Der morgendliche Weckruf, den ich seit meiner ersten Schiffstour sehr schätze! Ein angenehmes Aufwachen, und wer keinen Dienst hat, wird nicht durch nervige Wecker der anderen gestört.

Die kommenden Tage, die wir noch in Masan bleiben, werden mit dem Ausrüsten des Schiffes, dem Checken von Ausrüstung und Unterbringen von Lebensmitteln verbracht. Es muss alles seefest verstaut werden. Dabei ist es immer wieder erstaunlich, dass trotz der Erfahrung auf See, die fast alle an Bord haben, bei den ersten ernst zu nehmenden Wellen alles Mögliche zu Bruch geht. Sei es das Bullauge, das unser holländischer Schweißer in seiner Kabine nicht zugemacht hat, sodass die nächste Welle seinen neuen Laptop gleich zu Beginn der Tour ins digitale Off beförderte, ein Kochtopf in der Küche, welcher der Schwerkraft folgend über den Fußboden scheppert, oder eine Schublade in der Werkstatt, die nicht gesichert ist. Natürlich sind dort die meisten und kleinsten Schräubchen verstaut. Murphys Gesetz – wenn ein Brötchen herunterfällt, dann garantiert auf die Seite mit der Marmelade ... Aber Faye und ich haben Ehrgeiz. Nichts soll in unserer Kajüte mehr herunterfallen und kaputtgehen können. So schrauben wir kleine Ösen fest, an denen ich den Ventilator festbinde, und Faye hat „Affenhaut" besorgt, gummiartige Antirutsch-Unterlagen, die auf Tische und Ablagen gelegt werden.

30. Oktober 2007

Wind 2, See 1, Sonne, Ahoi!

Wind 2, See 1,0 Meter, Luft 27 °C, Wasser 23 °C, Sonne.

Endlich sind wir unterwegs! Ein wenig lang sind mir die fünf Tage in Masan fast schon geworden – vor allem, weil ich den Hafen so hässlich fand. Aber die ersten Tage sind für alle an Bord wichtig. Zum einen natürlich, um das Schiff auszurüsten, zum anderen, um sich auf der *Esperanza* einzuleben, sich kennenzulernen oder alte Freundschaften wieder aufzufrischen. Wir müssen uns gut kennen, damit die Zusammenarbeit auch unter widrigen Umständen reibungslos klappt. Schließlich ist unser Auftrag mehr, als ein Schiff von A nach B zu bringen.

Ich war zwei Tage an Bord, da fragte man mich, ob ich auf dem Weg in den Süden ein Bootstraining organisieren könnte. Da gerade das Bootfahren in der Antarktis eine wichtige Aufgabe ist und schwierig dazu, ist eine gute Vorbereitung die beste Sicherheit. Wenn wir später im Südpolarmeer zwischen den japanischen Fangschiffen und den Walen kreuzen, um den Harpunieren die Schussbahn zu versperren, und eine Granate neben uns explodiert oder ein verwundeter Wal mit seiner Fluke ein Boot trifft, muss jeder Handgriff sitzen. Deshalb steht Sicherheit ganz oben auf der Liste.

Mittlerweile können wir stolz darauf sein, eines der weltweit besten Ausbildungsprogramme für Bootfahrer entwickelt zu haben. Allerdings ist diese Ausbildung kein Zuckerschlecken. Wer zu unserem Anfängertraining nach Hamburg kommt, muss sich im wahrsten Sinne des Wortes warm anziehen. Das Training findet im Winter statt, denn wer nicht im Winter gelernt hat, sich vor beißender Kälte und Nässe zu schützen, wird nur ein Schön-Wetter-Fahrer. Es ist nicht nur ein Bootstraining, es ist auch ein Teamtraining. Diesen Teil halte ich persönlich für genauso wichtig. Denn nur im Team können wir auf See mit unseren kleinen Booten machen, was viele für unmöglich halten und was uns Kraft und Möglichkeiten verleiht. Das Training beginnt in Hamburg und fängt mit Paddeln an. Es endet auf der Ostsee mit einer Langfahrt von Flensburg nach Kopenhagen. Die Ostsee ist zwar nur ein Binnenmeer, nichtsdestotrotz ist sie vor allem im Winter nicht zu unterschätzen. Dazwischen liegen zwei Wochen Theorie und Praxis, von morgens bis abends und manchmal auch nachts.

Das Bootstraining auf der *Esperanza* sollte uns als Erstes mit dem Boote-ins-Wasser-Kranen und dem An- und Ablegen am Schiff in Fahrt vertraut machen. Darüber hinaus haben wir gemeinsam mit dem Außenbordmechaniker, dem Kapitän und dem ersten Steuermann Zeitpläne aufgestellt, da die Arbeit an Bord und vor allem auch die Wachen auf See gewährleistet sein müssen. Während der ersten fünf Tage im Hafen sind alle an Bord den ganzen Tag beschäftigt. Von der Bestandsaufnahme und den Übergaben an nachfolgende Crew-Mitglieder bis hin zu Bestellungen und der Annahme von Material und Proviant hat jeder mehr als genug zu tun. Für die feste Crew der *Esperanza* ist das Routine. Sie sind ungefähr drei Monate lang auf dem Schiff, dann haben sie drei Monate frei.

Für jeden Einsatz kommt ein Kampagnen-Team an Bord, das von Greenpeace International in Kooperation mit den beteiligten nationalen Büros zusammengestellt wird. Das Kampagnenteam ist für die Aktionen, die Pressearbeit, eben für die ganzen Abläufe zuständig. Das oberste Prinzip dabei heißt Gewaltfreiheit. Greenpeace setzt sich grundsätzlich gewaltfrei für den Schutz der Lebensgrundlagen ein, unabhängig von Regierungen, politischen Parteien oder wirtschaftlichen Interessengruppen. Da manche unserer Proteste und Aktionen einigen Regierungen, Parteien oder Interessengruppen nicht schmecken, kommt es immer wieder mal zu Gewaltausbrüchen gegen Greenpeace. Einer der brutalsten war die erwähnte Versenkung der *Rainbow Warrior* durch den französischen Geheimdienst. Auch 2001 und 2006 kam es zu Zwischenfällen: Mitten im Südpolarmeer wurde die *Arctic Sunrise* von dem japanischen Fabrikschiff *Nisshin Maru* gerammt. Da wir diesem Schiff in Kürze begegnen werden, sind wir alle ziemlich gespannt. Im Hafen von Santarém, Brasilien, rammte ein Schiff des amerikanischen Agrarunternehmens Cargill die *Arctic Sunrise* gleich mehrmals. Diesem Nahrungsmittelkonzern passte es überhaupt nicht, dass wir das Verladen von Soja aus einer illegalen Anlage dokumentierten. Weil wir auf Gewaltfreiheit setzen, aber nicht davon ausgehen können, dass es unsere Gegner auch tun, brauchen wir oft viel Fingerspitzengefühl. Zum Beispiel, wenn die japanische Regierung behauptet, wir enterten ihre Walfänger. Wir haben weder die *Nisshin Maru* noch eines der Fangschiffe jemals geentert – aber in der medialen Welt verbreiten sich Lügen schnell wie ein Lauffeuer.

Gewaltfreiheit in einer gewaltvollen Welt durchzusetzen, ist eine schwierige Aufgabe. Mahatma Gandhi, Martin Luther King, aber auch die gewaltlosen Blockierer amerikanischer Kasernen nach dem Nato-Doppelbeschluss von 1979 zum Protest gegen die Stationierung von Pershing-II-Atomraketen sind nicht nur für mich Vorbilder. Mahatma Gandhi hatte für den „Satyagraha", den Unabhängigkeitskampf gegen die britische Regierung, Regeln der Gewaltfreiheit aufgestellt. Die helfen uns auch bei unseren Einsätzen auf hoher See. Ein „Satyagrahi", schrieb er, also ein Mensch, der zivilen Ungehorsam übt, kenne keine Wut. Es ist nicht einfach, nicht zornig zu werden, wenn Walmütter und ihre Kälber abgeschlachtet werden. Auch Regel

Nummer Zwei ist nicht leicht umzusetzen: Der Satyagrahi muss die Wut seines Gegners ertragen können. Er darf keine Rachegelüste empfinden, sich aber auch nicht unterwerfen, schon gar nicht aus Angst vor Bestrafung. Regel Nummer Drei gefällt mir ebenso gut: Der Satyagrahi schützt seinen Gegner, sollte dieser in Gefahr geraten. Das tun wir auch. Als Anfang des Jahres auf der *Nisshin Maru* ein Brand im Fabrikteil ausbrach und auf den Maschinenraum übergriff, geriet das Schiff manövrierunfähig in Seenot. Ein 27-jähriges Besatzungsmitglied hatte im Feuer sein Leben verloren. Wir boten sofort unsere Unterstützung an, denn die *Esperanza* hat eine riesige Winsch, also eine Seilwinde zum Schleppen, auf dem unteren Achterdeck. Die japanische Fischereibehörde gab jedoch Anweisung an die Besatzung, unsere Hilfe abzulehnen, mit der Begründung, dass sie sich nicht von Terroristen helfen lasse. Auch die japanische Regierung ist nicht auf unsere mehrmaligen Angebote eingegangen, obwohl das Südpolarmeer als ein äußerst sensibles Ökosystem von den 500.000 Litern Schweröl und 800.000 Litern Heizöl an Bord des Havaristen massiv bedroht war.

Am Abend vor der Abfahrt wollen noch einmal alle in die Stadt – wer weiß, wann wir wieder Land unter die Füße bekommen! Wir treffen uns in einer Kneipe, die irgendein Koreaner irgendwem von der Besatzung empfohlen hat. Heute war dort ein Kostümwettbewerb passend zum kommenden Halloween-Fest angekündigt. Und da sich wohl überall in Asien Karaoke einer großen Beliebtheit erfreut, bleiben auch wir nicht von diesem musikalischen Zeitvertreib verschont: Auf einer kleinen Bühne finden sich ein paar gutgelaunte junge Koreaner in seltsamen Verkleidungen ein, die schlecht gesungene Lieder, die ich nicht kenne, ins Mikrofon schmettern. Ich nippe derweil an einem recht annehmbaren koreanischen Rotwein. Während die ausgelassenen Sänger auf der schummrigen Bühne immer betrunkener werden und das Mikrofon ihr Geschrei und Lachen verstärkt, dringt mir die Kluft zwischen der Realität und meiner Stimmung ins Bewusstsein. So mache ich mich vorzeitig auf den Weg durch eine fremde Stadt zurück zum Schiff, um noch die Reste des letzten Abends in einer friedlicheren Umgebung allein zu verbringen. An Bord schalte ich meinen mp3-Player an und schicke meine Gedanken, von der Musik beflügelt, schon einmal vorab auf den Weg in den Südlichen Ozean.

Der Akku meines Players hat längst seinen Geist aufgegeben, als mich das morgendliche Klopfen an der Kammertür weckt. Um 10 Uhr wollen wir ablegen. Eine halbe Stunde vorher kommt einer der Momente, die ich so liebe: Ein tiefes Brummen lässt das ganze Schiff vibrieren. Die Hauptmaschinen sind gestartet!

Wer nicht mit dem Entgegennehmen der Leinen beschäftigt ist, findet sich auf dem Helideck oder am Bug ein, steht auf der Brücke oder an sonst einem guten Platz, von dem aus man möglichst viel sehen kann. Langsam steuert die *Esperanza* aus dem Hafen. Die zerklüftete, bergige Küste liegt unter einem trüben, diesigen Schleier aus Smog und Luftfeuchtigkeit. Bei klarer Luft könnte diese Küste wirklich schön aussehen. So wendet sich zwar mein Blick nach vorn auf die See, aber meine Gedanken wandern zurück: Wie anders war das vor zwei Jahren. Da starteten wir die Expedition in die Antarktis in Kapstadt, Südafrika. Im Anblick des Tafelberges liefen wir damals aus. Über seinem Gipfelplateau schoben sich mächtige Wolkenformationen, die an seiner Südflanke ins Tal flossen. Letztes Jahr war Auckland in Neuseeland Ausgangspunkt der Fahrt. Auch damals hatte ich fünf Tage Zeit gehabt, bevor es hieß: Leinen los! Die freien Abende hatte ich genutzt, um mit dem Fahrrad die wunderschöne Gegend zu erkunden, in den eiskalten

Fluten der Tasmanischen See zu baden und auf schwarzen Sandstränden märchenhafte Sonnenuntergänge zu genießen.

Als ich mich jetzt umdrehe, sehe ich, wie einer der Matrosen eine Münze ins Wasser wirft. Selbst im 21. Jahrhundert haben sich viele Seeleute ihren Aberglauben bewahrt. Die über Bord geworfene Münze soll eine gute Fahrt bescheren. Andere Aberglauben sind: Freitags darf man nicht auslaufen, sonntags dagegen schon. Katzen an Bord bringen Glück, wie auch der Klabautermann. Das ist ein Kobold, der durchs Schiff rumort und allerlei Schabernack treibt. Er ist ein gern gesehener Gast, denn wenn er verschwindet, bringt das Unglück. Auch zu pfeifen sollte man tunlichst vermeiden, denn das kann Sturm anlocken. Frauen an Bord galten jahrhundertelang als Grund für Krankheiten und Seenot. Das sehen wir zum Glück heute anders. Ich selbst bin ohnehin nicht abergläubisch. Trotzdem wächst in mir die Anspannung, kaum bleibt der Hafen zurück. Einerseits freue ich mich auf die Zeit draußen auf dem Meer, auch wenn ich weiß, wie lang sie einem werden kann. Doch zunächst freue ich mich vor allem deshalb, weil ich auf einen magischen Augenblick warte.

Es ist der Moment, in dem rings um das Schiff nur noch Wasser zu sehen ist. Nach einigen Stunden Fahrt ist es so weit. Steuerbord wie backbord, vorn wie achtern sehe ich nur noch Wasser. Auf Kreuzfahrtschiffen, so höre ich immer wieder, geraten Passagiere bisweilen in Panik, wenn die letzte Erinnerung an festes Land aus dem Blickfeld verschwindet. Ich dagegen atme tief durch, mein Blick klebt am Horizont. Die Reise beginnt.

Kapitel 2

Ruhe vor dem Sturm

31. Oktober 2007

Warten …

Der Ozean ist ruhig, die *Esperanza* liegt wie ein Felsen im unbewegten Meer, die Maschinen sind aus, wir driften. Ich stehe an Deck, genieße die Stille und denke plötzlich an Halloween. Das Fest am Vorabend von Allerheiligen, das von ausgewanderten Iren nach Nordamerika gebracht wurde und in lautstarker Form nach Europa zurückkehrte. So wird es die nächsten Tage noch häufig sein. Plötzlich schießen mir Gedanken durch den Kopf, wichtige, unwichtige und solche, bei denen ich mich frage: Warum nur fällt dir denn das gerade ein? Warum denke ich auf einmal an Halloween und an meine Zeit in Kanada?

Vielleicht, weil das Meer der Spiegel meiner Seele ist. Es lädt meine Gedanken ein, sich freien Lauf zu lassen, irgendwohin, mal mit, mal ohne Ziel. Auch wenn ich mein rastloses Leben liebe, sehne ich mich mitunter nach etwas mehr Ruhe. Aber ich bin eben viel unterwegs, nicht nur mit Greenpeace. Jedes Jahr organisiere ich gemeinsam mit einem Freund Whale-Watching-Touren auf die Lofoten oder die Vesterålen, eine Inselgruppe 400 Kilometer nördlich des Polarkreises vor der Küste Norwegens. Wir haben aber auch schon Tauchcamps in Grönland durchgeführt. Auf den Lofoten beobachten wir nicht nur Orcas, wir schnorcheln auch mit diesen Großen Schwertwalen. Sie zählen zur Unterordnung der Zahnwale; die Männchen werden bis zu acht Meter lang und neun Tonnen schwer. Sie haben eine mächtige Rückenfinne; Oberkopf, Brustflossen und Fluke sind schwarz, während Kehle und Bauch weiß bleiben. Das Schwarz-Weiß wird nur durch einen grauen Fleck hinter der Rückenfinne durchbrochen. Orcas gehören zur Familie der Delfine. Mich begeistert ihre Wendigkeit trotz des massigen Körpers. Bis zu 15 Minuten können sie tauchen und bis zu 55 km/h schnell schwimmen. Damit gehören sie zu den schnellsten Meeressäugern. Ihren Zweitnamen, die gemeinhin geläufige Bezeichnung „Killerwal", verdanken die Orcas ihren Jagdgewohnheiten. Sie ernähren sich nicht nur von Heringen, Sardinen, Thunfischen, Lachsen, Stachelrochen und Dorschen, sondern auch von Pinguinen, Robben, Delfinen oder sogar anderen Walen. Im kommerziellen Walfang spielen sie glücklicherweise keine große Rolle. Allerdings sehen manche Fischfang betreibenden Nationen Orcas als lästige Konkurrenz ihrer Fischereiflotten an. Daher wurden sie in den 1950er-Jahren in isländischen Gewässern nahezu ausgerottet.

Diesen großen Jägern unter Wasser zu begegnen, ist Faszination pur. Sie sind neugierig und kommen dadurch häufig sehr, sehr nahe. Damit kein falscher Eindruck entsteht: Ich bin keine lebensmüde Abenteuerin. Denn ich weiß, dass wir Menschen nicht ins Beuteschema der Orcas passen – zumindest nicht in Regionen, in denen sie sich von Heringen ernähren. Und ich vertraue darauf, dass die Orcas das auch wissen. In anderen Gebieten, in denen sie Robben jagen, steige auch ich nicht zu ihnen ins Wasser. Ich finde zwar, dass ich nicht unbedingt aussehe wie eine Robbe, aber ich habe keine Ahnung, was der auf Robben spezialisierte Orca dazu meint.

Aber wir beobachten nicht nur Orcas. Vor der Küste der Vesterålen, die ebenfalls zu Norwegen gehören, sind auch Pottwale zu finden. Wie die Orcas stammen sie aus der Gruppe der Zahnwale und sind die größten dieser Klasse. Pottwalbullen werden 18 Meter lang und bringen 50 Tonnen auf die Waage. Gefundene Zähne lassen die Vermutung zu, dass es Pottwale mit bis zu 100 Tonnen gab. Die Betonung liegt auf „gab". Diese Tiere gehörten im Zeitalter des kommerziellen Walfangs über Jahrhunderte zu den meistgejagten Arten. Aus ihrem Speck wurde Tran gefertigt, der für Lampen verwendet wurde. Ganze Straßenzüge wurden so im aufkommenden Industriezeitalter beleuchtet. Das im Kopf befindliche Walrat war ein beliebter Zusatz für die Ölherstellung und ein begehrtes Schmiermittel. Die Parfüm- und Waschmittelindustrien waren hinter Ambra her. Dieses geruchsneutrale Abfallprodukt befindet sich in nur sehr kleinen Mengen in den Därmen der Pottwale. Es lässt Wäsche glänzen und ist ein hervorragendes Trägermedium für Parfüm. Ambra war so gefragt, dass die Waschmittelhersteller im 19. Jahrhundert eigene Fangflotten finanzierten. Auch im 20. Jahrhundert wurden Pottwale noch immer in großer Zahl erlegt. Allein 1960 waren es über 20.000 Tiere. Dass dabei vor allem die größeren Männchen gejagt wurden, mag ein Grund dafür sein, dass die heute verbliebenen Pottwale längst nicht mehr so groß sind wie ihre Vorfahren. Ähnlich ist es übrigens auch den in und vor Alaska lebenden Kodiakbären ergangen. Sie sind aufgrund von Bejagung der größten Exemplare ihrer Art heute deutlich kleiner als in der Vergangenheit.

1810 gab es noch große Wale. Damals rammte ein Pottwal mit einer weißen Narbe auf dem Kopf einen Walfänger nahe der Insel Mocha vor der chilenischen Küste. Man gab diesem Wal den Namen „Mocha Dick“, was später den amerikanischen Schriftsteller Herman Melville zu seinem weltberühmten Roman *Moby Dick* inspirierte. Melville hatte 1841 selbst auf einem Walfänger angeheuert, auf der kleinen Insel Nantucket vor der Nordostküste der USA. Diese war zusammen mit der unweit gelegenen Halbinsel Cape Cod das Zentrum des internationalen Walfangs. Von hier lief 1820 das Walfangschiff *Essex* aus, das ebenfalls durch Rammstöße eines Pottwals versenkt wurde und Melville als weiteres Vorbild für sein Buch diente.

Wenngleich die Schiffe der früheren Fangflotten im Vergleich zu den heutigen klein und zerbrechlich wie Nussschalen wirken, haben die Wale als Spezies auch gegen sie schon keine Chance gehabt. Der eine oder andere konnte mit Sicherheit entkommen, aber wie viel weniger können sie heute gegen das Fabrikschiff *Nisshin Maru* und gegen die Granatenharpunen der Walfänger ausrichten?

Daran denke ich, als mich ein „Hallo" aus allen Träumen reißt. Es ist Heath, unser Bootfahrer aus den USA. Auch ein Mensch, der sich am liebsten auf und im Wasser aufhält, und genau das hat er jetzt vor.
„Wie wär's mit einem erfrischenden Bad?" fragt er mich. Erfrischend ist gut. Die Messung heute Morgen ergab eine Wassertemperatur von 28 °C.
„Just for fun?", frage ich. Aber da fällt mir ein: Wir driften ja, und das muss einen Grund haben.
Vom Chefingenieur habe ich bereits gehört, dass die Wasserkühlung nicht richtig läuft. Und schon klärt mich Heath auf: „Wir wollen uns den Kühlwassereinlauf ansehen. Damit scheint was nicht zu stimmen. Willst du mit?" Oh, zu gerne würde ich jetzt meine Decksarbeit abbrechen und einen Tauchgang im glasklaren Wasser machen. Aber Heath und Gavin sollen runter, und für mich ist keine Tauchausrüstung mehr da. Es ist gut möglich, dass der Kasten bei dem Kühlwassereinlauf mit Muscheln zugewachsen ist. In tropischen Breiten wie hier gedeihen Muscheln ganz prächtig. Gerne setzen sie sich dabei an Schiffen fest – neben dem Bilgewasser ein weiterer Grund, weshalb immer wieder Muscheln und andere Meeresbewohner in fremde Regionen verschleppt werden, wo sie dann manchmal die dort ansässigen Spezies gefährden. So ist zum Beispiel die Wollhandkrabbe in die Elbe gekommen.

„Bent sagt", fährt Heath fort, „die Muscheln haben sich bereits am Kühlwassereinlass festgesetzt. Wir sollen mal sehen, ob und wie wir da herankommen."

Muscheln im Kühlwassersystem können unangenehm werden. Die Larven der Muscheln dringen tief in die Rohrleitungen ein, setzen sich fest und beginnen zu wachsen. Mit zunehmender Größe verstopfen sie den Kühlfluss, und irgendwann reicht dieser nicht mehr aus, um die Maschinen zu kühlen.

Heath und Gavin machen sich fertig, und ein bisschen neidisch helfe ich ihnen beim Aufsetzen der Flaschen und Befestigen der Leiter am Ausstieg. Schließlich reiche ich die Werkzeuge zu ihnen hinab ins Wasser. Deutlich kann man die beiden im ungetrübten Meer sehen. Dieser Tauchgang wird nicht der letzte seiner Art gewesen sein auf dieser Fahrt, denn die Muscheln sitzen tief im Wassereinlass. Und die hartnäckigen Tiere sind nicht allein dafür verantwortlich, dass wir die Maschinen immer wieder einmal stoppen müssen; auch diverse Filter wollen mehrfach gereinigt werden.

Der Grund für unseren unvorhergesehen langen Aufenthalt in diesen warmen Gewässern liegt allerdings nicht in der Schiffshygiene. Vielmehr warten wir darauf, dass sich auf Seiten der japanischen Walfangflotte etwas regt. Schließlich können wir erst die Verfolgung aufnehmen, wenn sie den Hafen verlässt. Aber obwohl die Flotte bereits spät dran ist, läuft sie wider Erwarten nicht aus. Spät dran, weil der Winter in der Antarktis hart war und besonders viel Packeis weit nach Norden getrieben ist. Urheber der Verzögerung ist der amerikanische Präsident George W. Bush. Nicht, weil er plötzlich zum Gegner des Walfangs wurde und auf unserer Seite mitkämpfen möchte. So große Wunder geschehen dann doch nicht auf dieser Welt. Aber der anstehende Staatsbesuch ihres Präsidenten in den USA veranlasst die japanische Regierung, in Sachen Walfang den Ball flach zu halten. Sie will in dieser Zeit keine negativen Schlagzeilen verursachen. Deshalb bleibt die Flotte im Hafen – und wir driften durch warmes, klares Urlaubswasser, anstatt Kurs auf das Südpolarmeer zu nehmen.

Trotzdem haben die Japaner ihr Interesse an uns nicht verloren. Als ich wieder an Bord klettere, sehe ich in der Nähe das japanische Kriegsschiff, das uns seit Kurzem folgt. Ich liebe Schiffe, aber den Anblick des Zerstörers keine Seemeile westlich von uns möchte ich mir ersparen. Daher verfolge ich mit meinen Augen lieber einen Kormoran, der auf Futtersuche ist. Mit ihrer Spannweite von fast einem Meter fünfzig sind diese Vögel nicht die besten Flieger, dafür können sie fantastisch tauchen und unter Wasser ihre Beute jagen. Kormorane gelten wie Seeadler, Fischotter und Delfine als Konkurrenten der Fischer und werden verfolgt und gejagt. Bis vor Kurzem auch in Deutschland, wo erst jüngste Schutzbestimmungen dafür sorgten, dass sie nicht ausgerottet wurden. Ich beobachte den schnellen Vogel mit seinem metallisch gefiederten Kleid, und erst als er wieder wegfliegt, bemerke ich, dass sich auch das Kriegsschiff von uns entfernt hat.

Am Abend zeigt das Thermometer noch immer 25 °C an. Ich liege in einem Netz der heruntergeklappten Reling des Helikopterdecks. Von dieser Hängematte aus sehe ich die Sterne, die wie ein Zeltdach den schwarzen Himmel umspannen. Durch die sanften Bewegungen des Schiffes scheint es, als bewege sich der Himmel rhythmisch hin und her. Eine Perspektive, die dem Verstand vorgaukelt, unrecht zu haben. Nach einer Weile gesellt sich Chris, unser Helikopter-Mechaniker, zu mir.

„Vielleicht laufen sie gar nicht aus", sagt er unvermittelt. Wir können nichts dagegen tun: Die Walfangflotte geistert ständig durch unsere Gedanken.

„Wieso meinst du das?" frage ich, und ohne auf eine Antwort zu warten, fahre ich fort: „Glaube ich nicht. Aber je später sie auslaufen, desto besser für die Wale."

Denn die Rechnung ist ganz einfach: Die Zeit für den Walfang ist begrenzt. Nicht, weil sich die japanischen Walfänger an internationale Schutzbestimmungen halten. Sondern aus dem einfachen Grund klimatischer Bedingungen. Sobald der Winter beginnt und die Eisabdeckung wächst, ist das Befahren des Südpolarmeeres nicht mehr möglich. Es ist irgendwann nur noch dunkel dort, und die Wale ziehen auch wieder in freundlichere Breiten.

„Du warst doch schon in der Antarktis“, leitet Chris ein, was ihm auf dem Herzen liegt: „Wird es noch mehr schaukeln als an den ersten Tagen?“

Ich schaue zu ihm hinüber, weil ich einen Scherz vermute. Aber trotz der Dunkelheit sehe ich seinen ernsten Gesichtsausdruck. Es ist seine erste Fahrt. Dennoch kann ich mich eines Lächelns nicht erwehren und frage: „Was für Schaukeln? Du meinst doch nicht das Gedümpel von gestern?“ Er tut mir etwas leid, denn ich erinnere mich an meine erste Fahrt und daran, wie viel ich seitdem lernen musste. Freiwillig und unfreiwillig. Aber ich habe es bei allem noch gut gehabt. Ich bin bislang nicht seekrank geworden.

„Na ja“, meint er zögerlich, „mir war gestern etwas schlecht“.

Was soll ich tun? Ihm erzählen, dass alles halb so wild wird? Nein, das wäre erst recht nicht fair. So erzähle ich von dem, was ich bislang an schwerem Seegang erleben durfte. Das war vor allem vor zwei Jahren bei der Überfahrt von Kapstadt in die Antarktis. Ich war damals an Bord der *Arctic Sunrise*. Vier Wochen waren wir unterwegs, bis wir in die ruhigeren Gebiete des Südpolarmeeres kamen, wo wir die Fangflotte vermuteten. Die Roaring Forties, die wir dabei zu durchqueren hatten, machten ihrem Namen alle Ehre. In dieser Region zwischen dem 40. und 50. Grad südlicher Breite herrschen das ganze Jahr über stürmische Winde aus westlichen Richtungen. Da es zwischen der Australien vorgelagerten Insel Tasmanien und Patagonien im südlichsten Zipfel Südamerikas keine weitere

Landmasse gibt, können sich hier Orkane nach Herzenslust austoben. Wir gerieten in einen Sturm, der uns zwang, den Kurs zu wechseln, damit die Wellen nicht mehr seitlich gegen das Schiff liefen. So stampfte damals unser kleiner tapferer Eisbrecher gegen bis zu 13 Meter hohe Wellen an. Ich hatte Wache und war bis Mitternacht mit auf der Brücke. Ich habe den Sturm genossen. Fasziniert von dem kraftvollen Spiel des Windes mit dem Wasser saß ich festgeklemmt auf meinem Wachstuhl und habe der Stabilität unseres Schiffes vertraut.

Seekrankheit kann etwas sehr Übles sein. Sie entsteht durch eine Überreizung des Innenohres, genauer gesagt, der Schnecke, die unser Gleichgewichtsorgan beherbergt. Durch die andauernde Bewegung wird die Flüssigkeit im Innenohr ständig bewegt und überreizt dabei die kleinen Flimmerhärchen, die dem Gehirn Informationen darüber weiterleiten, was es veranlassen muss, damit wir nicht hinfallen. Aber was zu viel ist, ist zu viel. Irgendwann streikt der Gleichgewichtssinn und reagiert mit Übelkeit. Es gibt Menschen, die gewöhnen sich nie an das Geschaukel, und es gibt welche, die werden nie seekrank. Ich habe Glück und gehöre zu denen, die nicht seekrank werden. Allerdings muss man hier immer sagen: bislang. Denn man ist nie davor sicher. Es kann jeden treffen. Jederzeit, egal, wie lange man schon zur See fährt. In der Regel ist nach zwei Tagen alles wieder im Lot – im sprichwörtlichen Sinne. Doch diese zwei Tage können sehr, sehr lang werden.

Nach Erlebnisberichten über Seegang und Erläuterungen über Seekrankheit gelangen wir endlich zu Schiffen und dazu, warum die *Esperanza* viel angenehmer ist als die *Arctic Sunrise*. Mit diesem Themenwechsel kann ich Chris etwas beruhigen, denn als Helikopter-Mechaniker hat er ein grundsätzliches Interesse an Technik und Maschinen.

„Die *Sunrise* ist ein Eisbrecher“, sage ich. „Eisbrecher haben einen sehr runden Rumpf, damit sie auf das Eis drauffahren können. Durch ihr Eigengewicht bricht es dann. Aufgrund ihrer Form liegen sie wie ein Korken auf dem Wasser – und so verhalten sie sich auch. Sobald es ein bisschen kabbelig wird, schaukeln sie mehr als andere Schiffe. Weißt du, wie wir die *Arctic Sunrise* nennen?"

Chris zieht fragend die Augenbrauen hoch.

„Waschmaschine", sage ich. Wenn ich zurückdenke, finde ich die Bezeichnung durchaus angemessen. Dagegen ist die *Esperanza* ein Luxusliner. Während einer kleinen Gesprächspause suche ich mir eine bequemere Lage in dem Netz und stelle einmal mehr fest, dass ich froh bin, auf der *„Espy"* zu sein.

„So schlimm wird's schon nicht werden", sage ich, um ihn auf andere Gedanken zu bringen. „Denk an schönere Sachen. Ans Eis zum Beispiel."

„Eis?" Die Stimme von Chris klingt nicht überzeugt.

„Eisberge, Packeis", sage ich. „Es ist wunderschön."

„Ja", sagt er, „darauf bin ich auch gespannt! Wann sehen wir die ersten Eisberge?"

„Schwer zu sagen", antworte ich. „Der letzte Antarktis-Winter soll ja recht hart gewesen sein. Die Eisabdeckung war wohl ziemlich groß. Jetzt, zum dortigen Sommer, ist viel abgebrochen, auch wieder vom Larsen- und Ross-Schelfeis."

Das Schelfeis bildet riesige Eisplatten, die durch Schneefall und dessen Vereisung entstehen. Sie sind teilweise sehr alt und können mehrere Hundert Meter dick werden, wobei davon nur wenig über Wasser zu sehen ist. Der größte Eisberg, der je erfasst wurde, ist B 15. Seine Fläche war einst mit der Jamaikas vergleichbar. Er löste sich im März 2000 vom Ross-Eisschelf. Aber auch Larsen ist riesig und erstreckt sich über einen weiten Teil des Weddellmeeres bei der Antarktischen Halbinsel. Im Film *The Day After Tomorrow* von Roland Emmerich wird der Abbruch dieses Schelfeises zum Vorboten einer weltweiten Katastrophe. Allerdings sind Fiktion und Realität in solchen

Filmen manchmal etwas durcheinandergewürfelt. Schelfeis kalbt, ähnlich wie Gletscher. Von daher sind Abbrüche nicht grundsätzlich auf die Klimaerwärmung zurückzuführen. Aber die Mächtigkeit des Schelfeises nimmt ab, was wiederum durchaus mit dem Klimawandel zu tun hat. Und dünnes Eis bricht nun einmal leichter als dickes. 2002 brach eine Platte von Larsen B ab, die eine Fläche von 3.250 Quadratkilometern hatte. Das war eine der größten Eisauflösungen der letzten 10.000 Jahre. Der Einfluss der globalen Erderwärmung auf das Larsen-Schelf lässt sich durch Messungen, die in diesem Bereich seit den 1940er-Jahren durchgeführt werden, erkennen: Anhand der Daten ist hier ein Temperaturanstieg von 0,5 °C pro Jahrzehnt festgestellt worden.

Für die Schifffahrt – und damit auch für die *Esperanza* – sind Eisberge eine ständige Gefahr. Dabei müssen wir vor allem auf kleine Eisberge achten, die vom Radar nicht angezeigt werden. Jeder kennt die Geschichte der *Titanic*. Im Eis ist der Ausguck auch heute noch genauso notwendig wie früher. Allerdings nützt ein scharfer Blick wenig, wenn die nötigen Kenntnisse fehlen, das Erspähte auch zu deuten. Deshalb ist Eiserfahrung so enorm wichtig. Für die Mannschaft, aber vor allem für den Kapitän. Er muss das Eis richtig einschätzen können. Um was für Eis handelt es sich? Altes oder neues? Kann es vom Schiff weggeschoben werden? Müssen wir drum herumfahren? Wann besteht die Gefahr, dass das Schiff eingeschlossen wird? Wie sind Wind- und Strömungsverhältnisse, wo treibt das Eis hin? Wie ist der Wellengang? Die Antworten darauf sind entscheidend dafür, welcher Kurs eingeschlagen wird. Und weil das Radar eben nur die ganz großen Eisberge wahrnehmen kann, haben wir bei Eisgang immer zwei Leute auf der Brücke. Vier Augen sehen mehr als zwei, und die zahlreichen Geschichten gesunkener Schiffe nach Eisbergkollisionen mahnen zur Achtsamkeit.

Aber das Gespräch zwischen Chris und mir ergeht sich nicht in Katastrophenbeschreibungen, sondern mündet in Erzählungen über die Schönheit der Natur und im Speziellen die der Polregionen unseres Planeten. Die Farbenvielfalt von Eis und Eisbergen steht der von Sonnenuntergängen kaum nach. Nur sind die „bunten“ Eisberge sehr selten. Von leuchtend türkisfarbenem Eis über grüne und rötliche Eisberge bis zu allerreinstem Weiß oder gänzlichem Schwarz reicht das Spektrum. Ich erzähle Chris von glitzernden Schneekristallen, jeder eine einzigartige Welt, keiner gleicht dem anderen. Von den Pinguin-Kolonien und der *Aurora australis,* dem Südlicht. Chris erzählt von Kanada, von den Farben des Indian Summer. Unter uns dümpelt Wasser, so warm wie in der Badewanne zu Hause. Chris stellt noch mehr Fragen, und ich merke, wie er anfängt, meine Begeisterung für den äußersten Süden unserer Erde immer mehr zu teilen.

Es wird immer später. Wir sehen in den leicht schwankenden Sternenhimmel über uns und sagen gar nichts mehr. Jeder hängt nur noch seinen Gedanken nach. Irgendwann sagt Chris noch einmal: „Ich bin schon richtig gespannt aufs Eis.“ Weder er noch ich wissen zu diesem Zeitpunkt, dass er uns gar nicht bis in die Antarktis begleiten wird.

12. November 2007

Heute an Bord

Nun sind wir schon zwei Wochen unterwegs, und die alles bestimmende Bordroutine wird wegen des rauen Seegangs immer noch nicht durch Bootstrainings unterbrochen. Aber allein der Alltag hält uns so mächtig auf Trab, dass die Tage schnell vergehen. Ich hatte nur eine kurze Zeit im Warmen erwartet, doch langsam sickert die Hitze in mein Bewusstsein und lässt mich erkennen: Du wirst noch Wochen in T-Shirt-Gefilden sein. Und jetzt ist es noch angenehm. Die richtige Hitze wird erst noch kommen.

So stehe ich in der Wärme des Waschraums, tief unten im Schiff, auf dem vorletzten Deck und arbeite mich durch die Wäsche. Zu Hause gehört das nicht unbedingt zu meinen Lieblingsbeschäftigungen, aber an Bord ist die „Laundry“ eine meiner liebsten Pflichten. Da habe ich meine Ruhe, kann meine eigene Wäsche gleich mit erledigen, und hinterher sieht alles ordentlich aus. Mit zunehmender Außentemperatur wird der kleine Raum ohne Fenster allerdings zu einem Backofen. Die Schiffshaut nimmt die Wassertemperatur an und gibt sie nach innen ab. Mittlerweile ist das Wasser bei 29 °C.

Während ich in der Wäsche herumwühle, muss ich an meine Mutter denken. Einen Tag nachdem ich abgereist bin, ist sie ins Krankenhaus gekommen. Meine Brüder konnten mir nicht sagen, was sie hat. Aber es gehe ihr eigentlich gar nicht so schlecht. Es müssten noch Untersuchungen gemacht werden, um festzustellen, was los sei.

Ich versuche, die Sorge um meine Mutter beiseite zu schieben, als mir ein Lied einfällt, das sie meinen beiden Brüdern und mir früher immer vorgesungen hat. Es trägt den passenden Titel „Heute an Bord" und ich habe den Text im Laufe der Jahre nicht vergessen:

Heute an Bord,
Morgen geht's fort.
Schiff auf hoher See!
Rings um uns her
Nur Wellen und Meer ...

Während ich vor mich hin summe, fülle ich die beiden Waschmaschinen. Welch ein Unterschied zu dem Waschraum auf der *Arctic Sunrise:* Dort sind die Abflüsse direkt im Fußboden und laufen schon bei leichtem Seegang schnell über. Der Fußboden ist durch das Wasser sehr rutschig. Ich hatte mir damals Handtücher um die Füße gewickelt, um wenigstens ein bisschen Halt zu haben. Hier ist das anders. Meine bequemen Turnschuhe, die ich bei der Decksarbeit eigentlich gar nicht tragen darf, geben ganz normalen Halt. Erst später, wenn ich nach draußen gehe, ziehe ich mir die Arbeitsschuhe mit den Sicherheitskappen an.

Der Waschdienst umfasst das Aufklaren des Raumes, das Waschen von Geschirr- und Handtüchern, Bettbezügen und Bettlaken. Die Wäsche der Kollegen wird gleich mit zusammengelegt oder von der Waschmaschine in den Trockner verfrachtet. So beginnen sich die Trommeln der Waschmaschinen zu drehen, und ich singe weiter vor mich hin:

Verschwunden der Strand,
Entschwunden das Land,
Schiff auf hoher See.
Rings um uns her
Nur Wellen und Meer ...

Bevor ich zur dritten Strophe komme, *„Im Kampfe wir sind, mit Wellen und Wind, auf dem Ozean, in Not und Gefahr ...“*, schrillt der Alarm los.

Das passt ja!, denke ich noch, lasse Wäsche Wäsche sein und gehe zügig den Niedergang nach oben, Drehung nach links, raus aufs untere Achterdeck, wieder nach links, dann die kurze, steile Treppe zum Helideck hoch. Hier ist die sogenannte Musterstation, die Sammelstelle bei Alarm. An der Unterbrechung der Alarmtöne erkennen wir, dass es ein Feueralarm ist. Nichts ist gefährlicher als ein Brand auf hoher See. Das mag erstaunen, bei so viel Wasser ringsum, aber der Grund ist ganz einfach: Trotz Löschwasser im Überfluss gibt es keine Fluchtmöglichkeiten. Und auf See gibt es kaum eine Feuerwehr, die schnell genug da wäre. Brennt es auf einem Schiff, kann es daher leicht in der Katastrophe enden. Wie 1990, als im Skagerrak an der Nordküste Dänemarks auf der Fähre *Scandinavian Star* nachts um zwei Uhr Feueralarm geschlagen wurde. Fast 500 Passagiere waren an Bord des Schiffes. Die Besatzung, wie sich erst später herausstellte, hatte keine Erfahrung in der Brandbekämpfung. Außerdem gab es weder Sprinkleranlagen noch brandhemmende Lackierungen, und die Brandschutztür zum Autodeck war auch nicht geschlossen. 158 Passagiere kamen ums Leben. Ähnlich verhielt es sich auf der *Achille Lauro*. Dieses Kreuzfahrtschiff war schon 1985 in die Schlagzeilen geraten, als es während einer Mittelmeerkreuzfahrt von palästinensischen Terroristen entführt worden war. Neun Jahre später, unterwegs am Horn von Afrika vor der Küste Somalias, brach im Maschinenraum Feuer aus. Die 1.000 Passagiere befanden sich in höchster Gefahr, als der Brand außer Kontrolle geriet. Dank der Küstennähe konnte die *Achille Lauro* evakuiert werden. Das Schiff selbst brannte drei Tage lang.

Natürlich ist der Erfolg oder Misserfolg bei einem Feuer in erster Linie den vorhandenen Löscheinrichtungen, der Besatzung und deren Fähigkeiten zuzurechnen. Aber die Konstruktion eines Schiffes ist mitentscheidend, ob und wie schnell ein Brand gelöscht werden kann. Schmale Korridore und offene

Schotten sind wie geschaffen für die schnelle Ausbreitung eines Feuers. Außerdem gibt es überall auf Schiffen Lüftungsschächte, die wie Kamine wirken. Auch die Metallhaut sorgt für die schnelle Weiterleitung von Hitze und erschwert Löscharbeiten. All diese Faktoren tragen dazu bei, dass sich auf Schiffen Feuer häufig ungehindert ausbreiten. Die Gegenmaßnahmen müssen alle Besatzungsmitglieder kennen: Feuerschutztüren sind geschlossen zu halten, jeder weiß, wo der nächste Feuerlöscher ist, bei einem Brand werden die Luftschächte an Deck zugemacht, und jeder hat im Falle eines Falles seine Aufgabe. Damit das alles auch im Notfall klappt, gibt es regelmäßig Übungen. So wie heute. Eine Übung wird grundsätzlich auf dem Blackboard in der Messe angekündigt, damit jeder einen Notfall auch ernst nimmt und nicht denkt: Ach, es ist ja sowieso nur wieder eine Übung.

Als ich auf den Gang des Hauptdecks trete, kommen bereits die ersten Kollegen an mir vorbei. Alle gehen zügig zur Musterstation und stellen sich so auf, dass man einander gut verstehen kann. Kevin, der Dritte Steuermann, liest die Namensliste vor, um festzustellen, ob jemand vermisst wird. Der Kapitän, der Funker und manchmal auch der Erste Steuermann halten Stellung auf der Brücke, über Funk sind sie mit der Musterstation verbunden. Der Chefingenieur bleibt, wenn es möglich ist, im Maschinenkontrollraum, um dort im Notfall eingreifen zu können.

Die Mannschaft ist vollständig an Deck, es gibt eine kurze Nachbesprechung, und dann ist die Übung auch schon beendet. Für dieses Mal. Bei anderen Übungen spielen einige von uns Verletzte, die aus irgendeiner Ecke des Schiffes geborgen werden müssen, oder die Atemschutzgeräte werden angelegt. Doch fürs Erste war das schnelle Sammeln genug, und während andere zum Kochtopf oder Schweißgerät, zum Laptop oder Maschinenraum zurückkehren, klettere ich wieder in den

Bauch des Schiffes und verschwinde in dem winzigen, heißen Raum mit den Waschmaschinen, der allmählich Saunacharakter annimmt. Die Übung war eine willkommene Erfrischung an Deck. Auf dem Weg in die Antarktis soll es noch einige Alarme geben. Die meisten werden Übungen sein, aber eben nicht alle.

Weil wir noch immer mit voller Fahrt Richtung japanische Hoheitsgewässer unterwegs sind und das Meer weiterhin rau bleibt, können wir die Schlauchboote nicht zu Wasser lassen. Aber da die Bootsausbildung nicht allein aus Fahren besteht, ziehe ich den theoretischen Unterricht vor. Einige Navigationsübungen können schließlich auch an Bord gemacht werden. So steht heute GPS auf dem Lehrplan. Das Global Positioning System hat die Welt revolutioniert. Seit es 1995 offiziell in Betrieb genommen wurde, ist es möglich, überall auf der Welt die eigene Position zu bestimmen. Ursprünglich für die Navigation zu militärischen Zwecken entwickelt, werden GPS-Geräte längst auch in der kommerziellen und privaten See- und Luftfahrt verwendet. Und mittlerweile natürlich im Auto, im Vermessungswesen, in der Landwirtschaft, im Leistungssport. Selbst die neue Handygeneration kommt mit integriertem „Navi" daher. Bedienen muss man es nur können, und ein bisschen Theorie für das nähere Verständnis hilft bei der Nutzung der Geräte.

Für Seeleute, die noch mit Kompass und Sextanten aufgewachsen sind, müsste ein GPS zu den Wundern der modernen Welt gehören. Auch wenn das GPS selber nur ein kleines Gerät ist, so ist ein immenser technischer Aufwand nötig, um die Positionsbestimmung zu ermöglichen. Bislang wurden 31 Satelliten in den Orbit gebracht, die in einer Höhe von etwas über 20.000 Kilometern die Erde umkreisen. Sie senden ständig ihre Position und genaue Uhrzeit. Aus deren Signallaufzeit berechnet der GPS-Empfänger in null Komma nichts seine Position und Geschwindigkeit, seinen Kurs, die erwartete Ankunftszeit und alle möglichen anderen wichtigen und unwichtigen Informationen.

Wie anders war das in den guten alten Zeiten, die häufig gar nicht so gut waren: Zwar wusste die Menschheit schon lange, dass sich Magnetnadeln nach Norden ausrichten, und schon die Astronomen Babylons waren in der Lage, den (scheinbaren) Lauf der Sonne um die Erde zu berechnen. Das aber genügte nicht, um die Position eines Schiffes auf dem Meer errechnen zu können. Deshalb wurden nautische Jahrbücher erstellt, mit deren Hilfe Breitengrade bestimmt wurden. Das half den Kapitänen, sich in den unendlichen Weiten der Ozeane zurechtzufinden. Trotzdem verirrten sich noch jahrhundertelang viele Seefahrer, liefen auf Untiefen und Küsten auf und mussten manchmal mühsam ihren Weg in die Heimat suchen.

Der Grund für das große Umherirren war, dass es zwar eine gute Methode zur Bestimmung des Breitengrades, aber keine exakte Messung für den Längengrad gab. Deshalb lobte das englische Parlament 1714 eine Belohnung aus, welche die damals unvorstellbar hohe Summe von 20.000 Pfund demjenigen versprach, der eine Methode fand, um die Längengrade exakt bestimmen zu können. Dafür bedurfte es entweder einer genauen Uhr oder genauer Sternenkarten. Viele damalige Wissenschaftler behaupteten, dass man niemals eine so genaue Uhr würde herstellen können, denn sie müsse gegen Schiffsbewegungen und Temperaturunterschiede unempfindlich sein und zudem sehr ganggenau. Damalige Uhren bestanden zum großen Teil aus Holz und hatten ein Pendel. Eine ungünstige Voraussetzung, um auf den Schiffen der Welt exakt zu funktionieren. So entbrannte ein erbitterter Wettstreit zwischen Uhrmachern und Astronomen. Es sollte über vierzig Jahre dauern, bis der englische Autodidakt und Kirchturmuhrbauer John

Harrison, den die Erforschung der Zeit schon sein Leben lang beschäftigt hatte, nach mehreren Vorgängermodellen die Uhr „Harrison Number Four" vorstellte. Eingesetzt auf einem Schiff Seiner Majestät auf der Fahrt von London nach Barbados und zurück, zeigte sie am Ende der Reise eine minimale Abweichung von fünf Sekunden. Damit konnten nun auch Längengrade berechnet werden, was für die Entwicklung der Seefahrt ein Quantensprung war. Für das Königreich England bedeutete dies den Startschuss zur Eroberung der Meere und den Aufstieg zu einer Weltmacht.

Solange die Satelliten nicht vom Himmel fallen, genügt uns heute ein Blick auf das Display, wo früher stundenlange Rechenarbeit vonnöten war. Daraus zieht man auf See eine Menge Vorteile. Wir wissen jederzeit, wo wir sind, der Autopilot steuert das Schiff, man kann sich auch im dichten Nebel orientieren. Was das GPS allerdings nicht leisten kann, ist, uns die Position der Fangflotte zu verraten. Im Gegenzug können die Japaner aber auch nicht unsere Position ermitteln. Diese Situation wird in den nächsten Wochen zu einem trickreichen Katz-und-Maus-Spiel führen. Immer wieder stelle ich fest: Elektronik ist gut, aber ohne Erfahrung und Cleverness kommt man trotz Technik nicht sehr weit. Zum Glück haben wir in Frank einen erfahrenen und guten Kapitän, der sich sowohl in der Antarktis als auch mit den Gepflogenheiten der japanischen Fangflotte auskennt.

16. November 2007

Die Macht der Presse

23 °C, Wind 2, See 0,5 Meter, Wasser 26 °C, leichte Bewölkung und Sonne. Klingt wie die Beschreibung eines paradiesischen Badeortes. Aber heute sind bei mir Gedanken an Ferien ganz weit weg. Denn um acht Uhr morgens startet unsere Kampagne offiziell. Wir sind 36 Kilometer vor der japanischen Küste und halten auf dem Helideck ein großes Banner. Darauf fordern wir den japanischen Premierminister Yasuo Fukuda und US-Präsident George W. Bush auf, dem Walfang endlich ein Ende zu setzen. Die beiden Staatsführer kommen in diesem Moment zu ihrem ersten Gipfeltreffen im Weißen Haus in Washington zusammen.

Aus gutem Grund hat der neue japanische Premierminister die USA als Ziel seiner ersten Auslandsreise gewählt. In den Beziehungen zwischen den beiden Staaten knirscht es gewaltig. Ich frage mich schon, wie man in einer Stunde und 45 Minuten alle bilateralen Probleme zwischen so mächtigen Industriestaaten ausräumen will. Denn länger dauert das Gipfeltreffen einschließlich Mittagessen nicht. Trotzdem schreiben die japanischen Tageszeitungen über nichts anderes mehr, wie ich während der letzten Tage in ihren Online-Versionen lesen konnte. Was die japanische Presse schreibt, ist wichtig für uns, denn sie hat viel Macht. Schließlich tummeln sich unter den Top Ten der weltweit auflagenstärksten Zeitungen auf den ersten fünf Plätzen ausschließlich japanische Blätter. Allein die auflagenstärkste Tageszeitung erreicht mit ihrer Morgen- und Abendausgabe über 26 Millionen Leser. Das sind so viele Menschen, wie die Niederlande und Belgien zusammen an Einwohnern haben.

Auch die zweitgrößte Zeitung hat noch eine viermal so hohe Auflage wie das bekannte auflagenstärkste Boulevardblatt in Deutschland mit dem einsilbigen Namen, das im weltweiten Ranking immerhin Platz 6 belegt.

Bislang wurde in japanischen Zeitungen das Thema Walfang stiefmütterlich behandelt oder ganz verschwiegen. Was dazu führte, dass weite Teile der Bevölkerung nicht einmal wussten, dass die eigene Regierung unter dem Deckmantel der Wissenschaft kommerziellen Walfang betreibt. Umso größer war der Schock, als Greenpeace 2006 das erste Mal mit Fotos und Filmmaterial in den japanischen Medien zu den Menschen durchdringen konnte. Ich erinnere mich gut daran, wie die japanische Regierung und das mit ihr verbundene Institut für Walforschung daraufhin wütende Attacken gegen uns führten. In Presseerklärungen wurden wir bezichtigt, die Walflotte geentert zu haben, das Leben der Besatzung sei gefährdet gewesen. Doch all diese Manöver konnten nicht von der Wahrheit ablenken. Immer mehr Fotos und Filme wurden veröffentlicht, in denen die Walfänger und unsere Aktionen im Eismeer zu sehen waren.

Entgegen der bei uns landläufigen Vermutung, alle Japaner äßen Walfleisch, gab in einer Umfrage lediglich 1 % der japanischen Bevölkerung an, regelmäßig Wal zu essen. 67 % der japanischen Bevölkerung lehnen den Walfang ab. Da das Institut für Walforschung die Quote der zu erlegenden Wale im Jahr 2006 fast verdoppelt hat, liegen mittlerweile 4.000 Tonnen Walfleisch in Lagerhäusern und finden keinen Absatzmarkt.

Von vielen sinnlosen Dingen, die der Mensch so tut, gehört der Walfang zu den sinnlosesten. Auch dagegen setzen wir ein deutliches Zeichen. Deshalb ist die japanische Regierung auf der Hut. Sie will eine internationale Ächtung vermeiden und tut darum alles, um uns jetzt auf Distanz zu halten. Schon wieder dreht ein Aufklärungsflugzeug der Streitkräfte seine Runden über der *Esperanza*. Später gesellt sich ein kleineres Flugzeug der Medien dazu, um unser Banner wegen des Bush-Treffens zu fotografieren. 2007 gelingt es der Regierung nicht mehr, das Thema Walfang zu verheimlichen. Seit mehr und mehr Menschen erfahren, was in der Antarktis vor sich geht, wird der Widerstand im Land größer. Und die Entscheidung, ob der Walfang eingestellt wird, kann nur in Japan getroffen werden. Deshalb ist auch ein Boykott japanischer Produkte der falsche Weg. Diese Art von Generalbestrafung führt eher dazu, dass die Menschen sich ungerecht behandelt fühlen und sich aus Protest von uns abwenden. Wir setzen ganz auf Aufklärung. Mit Sakyo haben wir einen japanischen Aktivisten an Bord, der uns dabei hilft.

18. November 2007

Sie laufen aus!

Ich bin gerade auf der Brücke, als sich unsere japanischen Kollegen melden: „Die Flotte läuft aus!“ Darauf haben wir nur gewartet. Kapitän Frank, Karli aus Neuseeland, die Leiterin unserer Expedition, und ich beugen uns über die Seekarte. Die Flotte liegt in Shimonoseki vor Anker, der südwestlichsten Stadt auf Japans Hauptinsel Honshu. Shimonoseki ist einer der wichtigsten Fischereihäfen des Landes. Hier wird vor allem Fugu verarbeitet. Dieser Kugelfisch gilt in Japan als Delikatesse, obwohl er zum größten Teil giftig ist. Deshalb benötigen Fugu-Köche eine Spezialausbildung. Es wird zwar nur ungiftiges Filet verwendet, trotzdem sterben pro Jahr noch immer bis zu fünf Menschen durch den Verzehr von Fugu.

Shimonoseki liegt in einer Meeresenge, und wir überlegen, wo wir die Flotte am besten abfangen können.

„Welchen Kurs haben sie genommen?“, frage ich.

„Richtung Süden. Sie steuern durch den Bungo-Kanal direkt auf uns zu“, antwortet Frank.

„Das ist ja eine Überraschung“, sage ich.

Karli sieht das auch so. „Ich hätte erwartet, sie laufen nach Norden aus. Um uns aus dem Weg zu gehen.“

Sieht man sich Japan auf der Karte an, fällt die Form eines schmalen Bogens auf, der sich über 3.800 Kilometer erstreckt. 6.800 Inseln zählt das japanische Archipel, doch der Großteil des Landes verteilt sich auf die Hauptinseln Hokkaido, Honshu, Shikoku und Kyushu. Gleich vier Meere umgeben Japan. Im Osten der Pazifische Ozean, im Westen das Japanische Meer, im Norden das Ochotskische Meer sowie der Seto-Inlandsee zwischen Shikoku und Honshu. Und im Süden das Ostchinesische Meer, welches die Flotte ansteuert.

„Sie haben es eilig", sage ich. „Sie haben schon viel Zeit verloren."

„Und es ist ein weiter Weg bis in die Antarktis", sagt Karli, mit einem kleinen Lächeln um den Mund.

Auf dem Faktor Zeit liegt unsere ganze Hoffnung. Je länger die Flotte unterwegs ist, desto weniger kann sie jagen. Die Fang-Saison dauert rund 100 Tage, von Anfang Dezember bis Mitte März. In dieser Zeitspanne halten sich die Wale im internationalen Walschutzgebiet der Antarktis auf. Grund ist der Antarktische Krill, der in riesigen Schwärmen dicht an der Eiskante lebt. Riesig bedeutet in diesem Fall wirklich riesig: In einem Kubikmeter Wasser befinden sich bis zu 30.000 dieser kleinen Krebstierchen. Ein Festmahl für die Bartenwale: Mit ihren Barten filtern sie den Krill aus dem Meerwasser, aber auch andere Organismen, die unter dem Namen Plankton zusammengefasst werden. Während der Sommermonate vertilgt ein Blauwal Tag für Tag rund 40 Millionen Kleinkrebse. Würde man die auf eine Waage legen, spränge der Zeiger auf vier Tonnen. Das ist schon mehr als ein kleiner Happen zwischendurch. Dafür fressen Wale in den Wintermonaten so gut wie nichts und leben von ihren Fettreserven. Deshalb ist die Fress-Saison für Wale so wichtig.

Nirgendwo sonst gedeiht der Krill so prächtig wie in den kalten Gewässern der Antarktis. Das nutzen die Wale und ziehen sozusagen auf ihre Sommerweiden. Und da die Tiere auf der Südhalbkugel so wenig schadstoffbelastet sind, jagt die japanische Fangflotte bevorzugt hier. Ihr den Weg in die Jagdgebiete so lang wie möglich zu machen, gehört deshalb zu unseren dringlichsten Aufgaben. Auf der Karte gleitet mein Finger über die Route. Vorbei an den Philippinen, Indonesien und Papua Neuguinea geht es Richtung Australien. Von dort nordöstlich des Kontinents weiter durch das Korallenmeer mit seinen 25 Korallenriffen, von denen das 2.300 Kilometer lange Great Barrier Reef das bekannteste ist. Nach Neukaledonien und Neuseeland nähern wir uns dann den sagenumwobenen Roaring Forties. Armer Chris, denke ich. In diesen „donnernden Vierzigern" wird jedes Schiff zur Waschmaschine, egal wie es gebaut ist.

„Wie lange braucht die Flotte ungefähr für diese Strecke?", fragt Karli.

„Vier Wochen", antwortet Frank.

Die Rechnung ist einfach: Die Flotte hat eine durchschnittliche Abschussquote von rund 10 Tieren am Tag. Jede Woche Verzögerung rettet also im Schnitt 70 Walen das Leben. Wenn es uns gelingt, die Flotte zu verlangsamen, ist uns schon viel gelungen und vor allem den Walen viel geholfen.

Als ich an Deck gehe, streiten sich zwei Gefühle in mir. Die Erleichterung darüber, dass die Warterei vorbei ist, und die Anspannung, dass es von jetzt an ernst wird. In solchen Augenblicken versuche ich immer, eine kurze Zeit lang für mich allein zu sein. Auf einem Schiff wie der *Esperanza* ist das kein einfaches Unterfangen. Hinten auf dem Achterdeck finde ich ein ungestörtes Plätzchen. Ich lehne mich gegen die Reling und schaue aufs Meer. Es ist unruhig und zeigt eine lange Dünung. Ich schätze den Wind auf 5 Beaufort. Eine frische Brise also, die für weiße Schaumkronen auf den Wellenkämmen sorgt. Unsere Schiffsschraube wirbelt einen türkisblauen Streifen ins Wasser, der aus Millionen kleiner Luftbläschen besteht. Gleichmäßig heben wir uns aus den Wellen und tauchen in Täler ab. Nimmt ein Schiff Kurs auf ein Ziel Abertausende Seemeilen entfernt, ist das ein magischer Moment. Und magische Momente sind wie das umgebende Wasser, flüchtig und ewig zugleich.

Kapitel 3

Gejagte Jäger

19. November 2007

Die erste Konfrontation

Es ist kurz nach Mitternacht und das Katz-und-Maus-Spiel hat begonnen. Die Walfangflotte ist im Vorteil. Sie kennt unsere Position durch die Luftaufklärung der japanischen Marine. Wir dagegen können ihren Kurs nur vermuten. Eigentlich rechneten wir mit Sichtkontakt vor Sonnenuntergang. Fast jeder stand irgendwann mal mit einem Feldstecher am Fenster der Brücke, obwohl das Radar schon anzeigte, dass außer dem ewigen Tanz der Wellen nichts zu sehen war. Als dann die Dunkelheit hereinbrach, gab es noch immer nichts Neues.

Wir haben eine klassische Seejagd-Situation. Ich liebe Geschichten über die Seefahrt. Vor zwei Tagen habe ich die ersten Seiten von *The Far Side of the World* von Patrick O'Brian aufgeschlagen. Ein Buch, das ich in unserer kleinen Bibliothek entdeckt habe. O'Brian schrieb marinehistorische Romane, wie sie nur Engländer schreiben können: aus dem prallen Leben gegriffen, voller feiner Details, die er vielleicht aus seiner Vergangenheit als britischer Geheimagent schöpfte. Der Regisseur Peter Weir verwendete dieses Buch als Vorlage für den Film *Master and Commander.* Im Mittelpunkt der Geschichte steht der Zweikampf des britischen Kriegsschiffs *HMS Surprise* mit dem französischen Kaperer *Acheron,* vor dem sich die *Surprise* als Walfänger tarnt. Aus der Trickkiste des Kapitäns der *Surprise,* Jack Aubrey, können wir alle noch einiges lernen.

Wie sich herausstellt, sind auch die japanischen Walfänger dieses Jahr besonders gut vorbereitet. Ob sie ebenfalls O'Brian gelesen haben, weiß ich nicht. Aber sie sind auch so Profis auf dem Meer, die wissen, wie man einen Gegner täuscht.

„Da!“, sagt unser Funker plötzlich und deutet auf das Radar. „Ein paar Schiffe ohne Kennung.“

Durch eine neue Einstellung des Radars sind mehrere Schiffe zu erkennen. Das ist schon eine feine Sache, so ein Radar – etwas, auf das Jack Aubrey noch verzichten musste. Erst 1886 stellte Heinrich Hertz fest, dass Radiowellen von metallischen Gegenständen reflektiert werden. Heute holen wir damit wertvolle Informationen ein. Die Entfernung der *Esperanza* zum Objekt auf dem Radarschirm. Umrisse von Küsten, Kurse und Peilung anderer Schiffe, ihre Geschwindigkeiten und noch einiges mehr.

Was wir mit dem Radar aber nicht herausfinden, ist ganz wesentlich: Handelt es sich bei diesen Punkten auf dem Schirm tatsächlich um die gesuchten Walfänger? Schließlich tummeln sich vor der Küste Japans jede Menge anderer Schiffe. Um darauf eine Antwort zu erhalten, gibt es das Automatische Identifikationssystem, kurz AIS. Jedes Schiff sendet in definierten zeitlichen Abständen bestimmte schiffsspezifische Daten. Dazu gehören Schiffstyp, Rufzeichen, Länge und Breite des Schiffs, seine aktuelle Position, Kurs und Geschwindigkeit über Grund, Tiefgang und das Reiseziel inklusive geschätzter Ankunftszeit. Jedes andere Schiff kann diese Informationen empfangen. Durch AIS sollte es kein Problem sein, die japanische Walfangflotte zu orten. Aber grau ist alle Theorie. Denn natürlich arbeiten die Japaner mit jedem Trick, und einer davon ist, das AIS-System auszuschalten. Nach den Regeln der Internationalen Seeschifffahrtsorganisation, einer Unterorganisation der Vereinten Nationen, ist das verboten. Und genau deshalb bleibt für uns das Radar wichtig: Darauf erscheinen auch Schiffe mit ausgeschaltetem AIS.

„Es könnte ein anderes Schiff sein“, sage ich und deute auf den Bildschirm, auf dem sich das Objekt ohne Kennung immer weiter von uns entfernt.

„Wir müssen näher ran“, entscheidet Frank. „Ich muss die Navigationslichter sehen.“

Die meisten Schiffe von der Größe der *Nisshin Maru* haben ihre roten und grünen Seitenlichter unter dem hinteren Toplicht. Das Fabrikschiff der japanischen Walfangflotte aber trägt die Seitenlichter unter dem vorderen Toplicht. Deshalb kann man es gut im Dunkeln identifizieren, wenn man nur nahe genug an es herankommt.

„Seltsam“, sagt Karli, „dieses Schiff fährt nach Osten.“

Was sollen wir tun? Warten oder dem Schiff folgen? Die Entscheidung liegt beim Kapitän.

„Okay“, sagt Frank. „Nehmen wir die Verfolgung auf.“

Während Karli Radar und elektronische Seekarte keine Sekunde aus den Augen lässt, suche ich mit dem Feldstecher nach den Positionslichtern der *Nisshin Maru*. Unser Funker steht mit Frank am Radar, beide beobachten konzentriert den Schirm. Drei kleine Punkte laufen mit 16 Knoten auf uns zu. Bald sind sie so nah, dass wir die Positionslichter schon sehen können. Es sind die drei Fangschiffe *Yushin Maru 1, 2* und *3*. Hohe, schlanke Schiffe, wendig und schnell, die perfekten Jäger der Meere. Sie rauschen fast direkt auf uns zu und kreuzen unseren Bug in weniger als 100 Metern Abstand. Ich werfe einen Blick auf unseren Kapitän, der unsere Geschwindigkeit bereits vor einigen Minuten heruntergenommen hat. Ein 6.000-Tonnen-Schiff wie die *Esperanza* braucht aus voller Fahrt fast zwei Kilometer zum Anhalten. Frank ist hellwach. Als die Jäger längst außer Sicht sind und langsam vom Radar verschwinden, ändert er den Kurs um 30 Grad. Mit den Fangschiffen kann die *Esperanza* nicht mithalten. Aber mit der *Nisshin Maru*. Und da wir das Fabrikschiff brauchen, wenden wir uns wieder dem unbekannten Schiff zu.

Langsam, aber stetig schließen wir auf. Frank kann jetzt durch das Fernglas die Navigationslichter erkennen. Bingo! Es ist die *Nisshin Maru*. Endlich haben wir sie gestellt. Von jetzt an werden wir sie keinen Moment mehr aus den Augen lassen. Mit einer geradezu diebischen Freude verfolgen wir das Fabrikschiff. Es kann uns jetzt nicht mehr davonfahren! Doch als der Morgen graut, kommt ein böses Erwachen. Und wieder ist es Frank, dessen geschulter Blick als Erster erkennt, was los ist:

„Das ist nicht die *Nisshin Maru*“, sagt er. „Das ist Küstenwache.“

Jetzt sehen es alle. Keiner sagt etwas. Man hätte auf der Brücke eine Stecknadel fallen hören können. Die japanische Regierung hat weder Kosten noch Mühen gescheut, um ein Schiff als Lockvogel einzusetzen. Auch die Jäger, so dicht an der *Esperanza,* haben uns glauben lassen, wir lägen richtig. Während wir dem Köder gefolgt sind, hat sich die echte *Nisshin Maru* abgesetzt wie ein Dieb in der Nacht. Raus aus der Meeresenge und hinein in den offenen Ozean, ist sie mittlerweile schon Richtung Antarktis unterwegs, mit beträchtlichem Vorsprung. Und nicht nur, dass das Schiff der Küstenwache als Lockvogel diente, nun haben wir es an uns dranhängen. Solange es bei uns bleibt, haben wir keine Chance, die Flotte zu finden. So sehr ich mich auch darüber ärgere und alle an Bord enttäuscht sind, aber die erste Runde geht an die Japaner.

20. November 2007

Auf Verfolgungsfahrt

Während ich zerknirscht die Ereignisse der Nacht dem Computer anvertraue, erwacht Faye in der oberen Koje. Als ich ihr erzähle, was passiert ist, kann sie ihre Enttäuschung nicht verbergen. Wir alle brennen darauf, die *Nisshin Maru* zu stellen. Ohne ihr Flaggschiff ist die japanische Fangflotte keinen Pfifferling wert. Die *Nisshin Maru* ist ein Fabrikschiff für die Walfleischverarbeitung und mit rund 8.000 Tonnen Gewicht und 129 Metern Länge ein durchaus großes Schiff. Neben dem Fabrikschiff und den drei Fangschiffen gehören noch zwei Späher zur Flotte, deren Aufgabe es ist, Wale aufzuspüren, zu zählen, die Eissituation zu erkunden oder, wenn erforderlich, ein krankes Besatzungsmitglied zurück an Land zu bringen. Weiterhin gibt es einen Tanker, die *Oriental Bluebird,* die zwar nicht zur Flotte gehört – sie ist in Panama geflaggt –, aber seit Jahren die Aufgabe eines Versorgers für die japanische Fangflotte übernimmt. Noch liegt sie im Hafen von Shimonoseki. Sie läuft erfahrungsgemäß erst einige Wochen später aus.

Für mich gehört die *Nisshin Maru* zu den Schiffen, auf die ich gut verzichten kann. Sie ist dazu ausgerüstet, riesige Mengen Fleisch auf hoher See zu verarbeiten. Im Grunde genommen ist sie nichts anderes als ein schwimmendes Schlachthaus. Während sie das einzige ihrer Art ist, denn kein einziges Land unterhält noch ein Fabrikschiff für die Zerlegung von Walen, gibt es unzählige Fabrikschiffe zur Weiterverarbeitung von Fisch. Diese fahrenden Fischfabriken sind einer der Gründe für die Überfischung der Weltmeere. Auf ihnen wird der Fang zerlegt, filetiert und tiefgefroren. Fabrikschiffe verarbeiten in einer

Stunde mehr Fisch, als ein durchschnittliches Fischerboot in einer gesamten Saison einholen kann. Die japanische Regierung, die sich noch immer hinter der perfiden Lüge verschanzt, keinen Walfang zu betreiben, sondern nur eine tödlich verlaufende Form der Walforschung, behauptet sogar, dass die Wale als Nahrungskonkurrenten schuld an der übermäßigen Dezimierung des Fischbestandes seien.

2006 gingen viele Bilder vom Fang und Töten der Wale, von uns Aktivisten in Schlauchbooten, wie wir zwischen Wal und Harpune kreuzten, um die Welt. Bis dahin waren verschiedene Konzerne an der *Nisshin Maru* beteiligt. Als sie 1987 in Dienst gestellt wurde, hatte sie ihre Investoren 54 Millionen Dollar gekostet – klar, dass die bald Geld sehen wollten. Der Eigentümer, die Firma Kyodo Senpaku Kaisha, Ltd., wusste, was zu tun war. Der Konzern vermietete das Schiff an das Institute of Cetacean Research, das japanische Institut für Walforschung. Damit sollte der fadenscheinige Anstrich der wissenschaftlichen Intention aufrechterhalten werden. Jetzt konnte man ungeniert und effektiv auf Walfang gehen. Doch die Öffentlichkeit reagierte auf unsere Bilder mit weltweiten Protesten gegen den Walfang im antarktischen Schutzgebiet, was die fünf Hauptinvestoren bei Kyodo Senpaku Kaisha dazu veranlasste, ihre Anteile zu verkaufen und aus dem Geschäft des Walfleischhandels auszusteigen. So ist heute nur noch die japanische Regierung selbst Halter der Flotte. Auch ihr weht ein kalter Wind entgegen, denn die Wirtschaftskraft Japans ist nicht mehr so robust, wie sie einmal war. Schwerste Hypothek für die Zukunft des Landes ist die außergewöhnlich hohe Verschuldung der öffentlichen Haushalte. Anders gesagt, das Geld ist knapp. Als zu Beginn der diesjährigen Walfangsaison die Regierung verkündete, man müsse leider auf alle Arten der Schulspeisung verzichten, war die Empörung groß. Es ist keinem zu erklären, dass genügend Geld vorhanden ist, einen sinnlosen Walfang zu finanzieren, andererseits aber Schulkinder hungrig nach Hause gehen müssen.

Alles dreht sich also um die *Nisshin Maru*, denn ohne sie ist der Walfang unmöglich. Und wie es scheint, fährt das Fabrikschiff unter einem schlechten Stern. Sie war bereits zweimal Schauplatz von Katastrophen. Gleich zu Beginn der ersten Waljagd im Jahr 1998 brach auf ihr ein Brand aus. Vor kurzem wurde sie erneut durch ein Feuer schwer beschädigt. Dazwischen lagen die von ihr verschuldeten Kollisionen mit der *Arctic Sunrise*. Doch nun hat sie ein paar Hundert Seemeilen Vorsprung, und alles, was wir tun können, ist, so schnell wie möglich hinterherzufahren. Während Faye sich anzieht, um ihren Arbeitsdienst zu beginnen, klappe ich das Notebook zu. Ab in die Koje und eine Mütze voll Schlaf nehmen. Auch wenn ich weiß, dass ich kaum Ruhe finden werde.

21. November 2007

Warmbadetag

Hat jemand behauptet, wir seien in Richtung einer der kältesten Regionen dieser Welt unterwegs? Dorthin, wo östlich des Weddellmeeres und westlich des Rossmeeres auf dem antarktischen Festland der Kältepol der Erde mit Temperaturen aufwartet, die allein beim Nennen für Gänsehaut sorgen? Ich bin nicht kälteempfindlich, und wenn ich ehrlich bin, würde ich liebend gerne einmal auf Wostok-Station, der russischen Forschungsstation in der Ostantarktis, überwintern. Dort maß man 1983 –89,2 °C und 1997 sogar –91,5 °C; ein Wert, der offiziell aber nicht bestätigt werden konnte, vermutlich, weil das Thermometer den Geist aufgab. Aber jetzt, auf dem Weg in die Antarktis, ist es alles andere als kalt.

Als ich heute die Lufttemperatur messe, zeigt das Thermometer 28 °C an. Das Wasser setzt noch einen drauf und lädt mit 29 °C zum Warmbadetag ein. Wir nähern uns dem Äquator, dem Breitengrad, der von den beiden Polen gleich weit entfernt ist. Der Einfallswinkel der Sonne ist das ganze Jahr über mehr oder weniger konstant und sorgt meist für heißes Wetter ohne Jahreszeiten.

Wer als Besatzungsmitglied eines Schiffes das erste Mal den Äquator überquert, muss sich dem Ritual der Äquatortaufe unterziehen. In früheren Zeiten war das Überschreiten der Trennlinie zwischen Nord- und Südhalbkugel ein unter Seeleuten gefürchteter Moment. Große Schifffahrtsnationen wie die Portugiesen hatten eine Heidenangst vor Reisen in die unbekannten Welten der südlichen Hemisphäre. Seemonster und Meeresungeheuer beförderten dort Schiffe in die Untiefen der

Ozeane, hieß es. Aus diesem Grund hielt man es für angebracht, Neptun um Beistand zu bitten. Seit über 2.500 Jahren gilt er als Gott des Meeres und, Aberglaube hin oder her, es kann auch heute nicht schaden, ihn als Freund auf seiner Seite zu wissen. So kursieren im Moment auf der *Esperanza* die tollsten Gerüchte: Die Äquatortaufe soll für alle Neuen, die Pollywogs, besonders grässlich sein. Ich spitze die Ohren, denn ich gehöre auch dazu. Obwohl ich schon viel herumgekommen bin – den Äquator habe ich auf einem Schiff auch noch nie überquert.

Bis es so weit ist, haben wir noch einige Tage Zeit, und das Wetter erlaubt uns, endlich die Schlauchboote für Trainings zu Wasser zu lassen. Während wir in Deutschland zu wenig Mädels als Bootfahrerinnen haben, sind hier drei der vier Hauptfahrer Frauen. Jetske aus den Niederlanden und Cat aus Italien kenne ich bereits aus den vergangenen Jahren und von gemeinsamen Trainings. Ich schätze die beiden als umsichtige und mutige Frauen. Nach dem Training sitzen wir beisammen und sprechen über Unterwassersonar.

„Was ist eigentlich bei der Sache mit dem Sonar herausgekommen?", fragt Jetske.

Die Sache mit dem Sonar ist ein Thema, das Walschützer auf der ganzen Welt beschäftigt. Es ist schon lange bekannt, dass Töne unter Wasser Wale verjagen können. Sonare arbeiten mit Tönen. Sie werden zur Ortung und Vermessung von Gegenständen unter Wasser benutzt – dazu gehören unter anderem auch Fischschwärme, was sich Fangschiffe zunutze machen. Dass Wasser Schall gut leitet, wusste schon Leonardo da Vinci. Im Jahr 1490 schrieb er: „Tauchst du ein Rohr ins Wasser und hältst das Ende an dein Ohr, kannst du Schiffe auf sehr große Entfernungen hören." Trotzdem dauerte es bis zum Ersten Weltkrieg, um aus dieser Beobachtung technischen Nutzen zu ziehen. 1915 entwickelte der französische Physiker Paul

Langevin das erste Sonar-System, mit dem man U-Boote auf 1.500 Meter Entfernung orten konnte. Die heutigen Sonar-Systeme, die vor allem auf U-Booten eingesetzt werden, sind allerdings um einiges stärker. Das ist der wunde Punkt. Mit ihrem Schalldruck von bis zu 240 Dezibel schädigen sie Meeressäuger wie Wale und Delfine. Immer wieder stranden Tiere in Regionen, in denen das Militär zuvor Sonar eingesetzt hat. Untersucht man sie, weisen sie physiologische Schäden auf wie Gehirnblutungen, Gefäßverletzungen und Bläschenbildung im Blut. Wie viele Tiere insgesamt durch Sonar sterben, wissen wir gar nicht, da die meisten von ihnen wohl unentdeckt auf den Meeresgrund sinken.

Natürlich ist die Vorstellung verlockend, die Wale dort, wohin die japanische Flotte unterwegs ist, mit einem Sonar zu vertreiben. Doch wird das mehr Schaden anrichten als Nutzen stiften. Wenn aber Schallsignale nicht in Frage kommen, dann vielleicht die Jagdgeräusche von Orcas? Orcas jagen immerhin Wale. Die Frage, ob sie vor diesen Lauten fliehen würden, ist bislang ungeklärt. Leider taucht dabei ein anderes Problem auf.

„Die Fangschiffe sind zu schnell", sagt Jetske. „Was die meisten Leute ja nicht wissen: Bartenwale wie Minkewale, Finnwale und Buckelwale können nicht sehr lange tauchen. Bei einem Minkewal ist nach 20 Minuten Schluss. Wird er gejagt, gerät er außerdem schnell aus der Puste. Deshalb ist ein Wal, der von Jägern gesichtet wird, schon so gut wie tot."

„Wir müssten also Orca-Jagdlaute senden, bevor die Fangflotte auftaucht", erwidere ich.

„Das wäre einen Versuch wert", meint Jetske. „Wir sollten es mal ausprobieren."

Ich weiß, dass dieses „Ausprobieren" einfacher klingt, als es ist. Grund ist wie immer das liebe Geld. Eine Expedition in die Antarktis ist eine kostspielige Angelegenheit. Ein Greenpeace-Schiff wie die *Esperanza* kostet rund 7.000 Euro am Tag.

Trotzdem würde ich gerne testen, was wir mit Orca-Jagdlauten alles erreichen können. Vielleicht ergibt sich dazu bald die Gelegenheit.

23. November 2007

Der Taifun

Heute Morgen konnte ich wieder einmal erleben, welches unglaubliche Gespür Tiere haben. Ein Phänomen, das mich schon immer fasziniert hat. Ich bin mit Tieren aufgewachsen. Schon meine Oma hatte einen Schäferhund und meinen Brüdern und mir liefen ständig Tiere zu. Heute habe ich drei Hunde, die ich am liebsten aufs Schiff geschmuggelt hätte. Sie zeigen mir ständig, dass es mehr Sinne gibt als Sehen, Hören, Riechen, Schmecken und Fühlen. Zumindest ist das Fühlen bei Tieren ausgeprägter als bei uns.

Heute weiß man, dass Hunde, Katzen und andere Tiere in der Lage sind, schon Tage zuvor Dinge zu spüren, die wir nicht einmal messen können. 1975 wurde die Millionenstadt Haicheng in der nordostchinesischen Provinz Liaoning evakuiert, weil Tausende Haustiere ihren Besitzern davongelaufen waren. Zwei Tage später bebte die Erde mit einer Stärke von 7,3 auf der Richterskala. Auch das Erdbebenwarnzentrum von San Francisco, das Bay Area Earthquake Hazards Project, nutzt die Auffälligkeiten im Verhalten von Tieren, um seine Vorwarnzeit vor seismischen Erschütterungen zu erhöhen.

Als ich an diesem Morgen an Deck komme, sehe ich gar keine Vögel mehr, die doch meist unser Schiff begleiten. Mir erscheint das ungewöhnlich. Unter den Seevögeln beeindruckt vor allem der Riesenalbatros mit seinen Flugkünsten. Das Beobachten dieses größten aller flugfähigen Vögel ist fast wie Meditieren. Er verbringt die meiste Zeit in der Luft und legt dabei Strecken von vielen Tausend Kilometern zurück. Mit seiner Spannweite von bis zu 3,50 Metern ist ein Riesenalbatros bestens für den Segelflug ausgerüstet. Beim Fliegen in einer schnell bewegten höheren Luftschicht gewinnt er kinetische Energie, die ihm beim Eindringen in eine unbewegte tiefere Luftmasse erhalten bleibt. Mit dieser Energie kann er gegen den Wind wieder in eine höhere Luftschicht aufsteigen, und das Spiel beginnt von Neuem. Dabei muss er so gut wie nie mit den Flügeln schlagen und kann bei Stürmen problemlos manövrieren. 17 der 21 Albatros-Arten leben in Regionen der südlichen Ozeane. So ist es auch kein Wunder, dass wir erst mit fortschreitender Reise Albatrosse zu Gesicht bekommen.

Aber nun sind überhaupt keine Tiere zu sehen, und ich überlege, was das zu bedeuten hat. Eine mögliche Antwort erhalte ich später beim Mittagessen: Der Wetterbericht hat einen Taifun angekündigt, der sich direkt vor uns entwickelt. Und während unser Erster Steuermann uns vom Wetterbericht erzählt, merke ich, dass der Wind bereits aufgefrischt hat. Gleichzeitig scheint es feuchter und heißer zu werden – das alles kann auf See sehr schnell gehen. Wenig später hat der Himmel bereits die Farbe dunklen Schiefers angenommen. Turmhohe Wolken lassen das Panorama am Horizont dramatisch aussehen.

Im Bereich der Roaring Forties ist jederzeit mit Stürmen zu rechnen. Denn am Äquator herrscht durch den starken Sonneneinfluss ständig Hochdruck. So können warme Luftmassen aufsteigen, um nach Norden und Süden wegzudriften. Dabei kühlen sie wieder ab und sinken zu Boden. In diesen Regionen herrscht dann überwiegend niedriger Luftdruck, was für kräftige Winde sorgt. Aber sie sind noch weit entfernt, und was sich jetzt vor uns aufbaut, ist kein normaler Sturm.

Während meiner Wache verbringe ich die meiste Zeit auf der Brücke. Dort erfahre ich, dass wir die Geschwindigkeit gedrosselt und den Kurs leicht gewechselt haben. Frank hat errechnet, wie wir am Rande des Taifuns bleiben können, ohne zu viel Zeit zu verlieren. Kein Schiff würde freiwillig in so einen Sturm fahren. Das Meer baut sich weiter auf, die Wellen erreichen mittlerweile eine Höhe von sechs Metern. Sie toben uns entgegen, wie ein Haufen kleiner Kinder, die sich um nichts scheren und auf niemanden hören! Als ob sie, verloren im eigenen Spiel, einander einholen wollten, um immer größer zu werden. Der Wind drückt sie mit tausend flinken Händen, Wellentäler und -berge formend, vor sich her. Wenn eine Welle zu hoch ist, gibt es einen Schubs von hinten. Der Kamm bricht schneller werdend nach vorne und rauscht mit weißer Gischt und für kurze Sekunden das typische Türkis zeigend den Wellenberg hinunter ins Tal, wilde Streifen ziehend. Die kochende See kümmert sich nicht um unser Schiff, das mit nur drei Knoten gegen sie anhält. Eine eisengraue Wand nach der anderen kommt uns unbeirrt entgegen, hebt unsere kleine *Esperanza* wie ein tanzendes Papierschiffchen empor, dass wir das Wasser nicht mehr sehen können, um uns dann vornüber in das nächste Tal fallen zu lassen. Der Bug bricht durch die Wasseroberfläche tiefer in das Wellental, verschwindet im tosenden Meer und lässt das Wasser zu einem undurchsichtigen Vorhang explodieren. Die Sicht durch die Scheiben der Brücke wird für einen kurzen Augenblick von einem prasselnden Wasserfilm verwehrt, den der Wind schnell wieder zerreißt.

Ich genieße den Blick in die uns entgegenlaufende See. Meine Gedanken verlieren sich in dem kraftvollen Spiel von Wind und Wasser, und ich höre das Rauschen, Spritzen und Aufschlagen jenes Elementes, das für diesen Planeten Leben bedeutet: Wasser. So vielfältig die Formen sind, die es annimmt, so vielfältig sind die Geräusche, die es erzeugen kann, und so vielfältig ist das Leben, das in ihm ist.

Als ich nach meiner Wache gerade eingeschlafen bin, reißt mich der Feueralarm wieder aus meiner Koje. Auch das noch!

Eine Übung am Rande des Taifuns? Es war keine angekündigt, oder habe ich etwas nicht mitbekommen? Egal, ob Übung oder Ernstfall, ich muss schnell zur Musterstation. Also rasch eine Jacke gegriffen und vor allem Schuhe angezogen. Im Ernstfall möchte man nicht barfuß sein! Den einen Arm im Ärmel, gehe ich zügig durch den Gang zum Achterdeck, links um die Ecke, wieder den Niedergang hinauf und zum Helihangar. Die Hälfte der Crew ist schon versammelt, und jeder hat sich einen sicheren Platz gesucht, um sich gegen den Wellengang zu behaupten. Wieder werden unsere Namen verlesen. Es tauchen noch unsere Köche Ronnie und Simona auf, dann Gustavo, der zu meiner Bootstruppe gehört, und zum Schluss Leandra, die unsere Wissenschaftsgruppe leitet. Jetzt sind wir vollzählig.

Ich frage leise Heath, der neben mir steht: „Ist das jetzt eine Übung oder echt?"

„Eine Übung ist es nicht, es stand nichts am Blackboard."

Diese Antwort führt zu einem weiteren Adrenalinschub. Bislang weiß niemand, was los ist. Aber alles geht seinen Gang: Die Feuerlöschgruppen greifen zu ihrer Ausrüstung; Kevin, der Dritte Steuermann prüft unterdessen, von wo der Alarm ausgegangen ist. Doch es gibt nichts zu löschen. Kevin kehrt mit der beruhigenden Nachricht zurück, dass ein Besenstiel einen Feuernotrufknopf eingedrückt hat. Ich höre wohl nicht richtig. Ein Besenstiel! Aber die Erleichterung ist stärker als das Gefühl von Ärger. Der Besen wird ab jetzt gut festgeklemmt in eine Ecke verbannt. Wenn es nur immer so einfach wäre, die Geister, die wir gerufen haben, wieder loszuwerden.

Die nächsten Stunden verbringe ich in dem Bewusstsein, die verlorene Zeit nicht einholen zu können. Was bislang nicht seefest verstaut war, hat sich während des Sturms lautstark bemerkbar gemacht und lässt einmal mehr erkennen: Nachlässigkeit wird schnell bestraft! Wenn in dieser einsamen See vorher irgendwelche Tiere waren, sind sie inzwischen über alle Berge, während uns nun die Ausläufer des Taifuns erfasst haben. Diese tropischen Stürme des Pazifiks, die man in Amerika „Hurrikan“ nennt und im Indischen Ozean „Zyklon“, müssen sehr ernst genommen werden. Taifune gehören zu den schwersten Naturkatastrophen des Nordwestpazifiks. Sie erreichen Windstärken von bis zu 300 km/h und häufig prasselt in drei Tagen mehr Regen herab als im Jahresdurchschnitt in ganz Deutschland.

Zwar ist die *Esperanza* ein robustes Schiff, aber auch das beste Schiff hat seine Grenzen. Mittlerweile haben wir Windstärke 9 erreicht, die See wird immer höher, und ich schätze, dass wir schon bei gut acht Metern angelangt sind. Dazu fallen unvorstellbare Mengen an Regen, der sich fast waagerecht über das Schiff ergießt. Die Gischt peitscht über die *Esperanza*. Inmitten des Aufs und Abs gibt es immer wieder Kleinigkeiten zu sichern: Tassen, die zwischendurch abgestellt werden, die Mülleimer, die schon seit langem nicht wirklich gut festgemacht sind, die privaten Dinge des Lebens in den Kabinen und vor allem Stühle suchen sich der Schwerkraft folgend gerne den Weg zum Fußboden. Ich verziehe mich in meine Kabine, um zu sehen, ob mein Laptop auf der Affenhaut hält. Dabei ertappe ich mich bei dem Gedanken, dass Saugnäpfe an den Füßen hilfreich wären. Sofort fällt mir Franks einmalige Standfestigkeit ein.

„Das ist die Lösung“, murmele ich vor mich hin. „Frank hat Saugnäpfe an den Füßen.“

„Was sagst du?“ Faye kommt gerade herein, aber wie soll ich ihr auf Englisch meine Saugnapftheorie erklären? Was heißt Saugnapf überhaupt auf Englisch? Suction cup? Als ich mich umdrehe und Faye sehe, bin ich mir sicher, dass sie das gar nicht wissen will. Sie ist seekrank und an keinen Erklärungen mehr interessiert. Ich habe mir aus Kissen und Decken eine

Kuhle in meine Koje gebaut, die mich vom Hin- und Herrollen bei Seegang abhält. Ich zeige Faye mein Bauwerk, und wir machen uns sofort daran, auch ihre Koje in ein Anti-Schaukelbett umzubauen. Der Bug des Schiffs hebt sich jetzt sieben, acht, neun Meter hoch, bevor er ins nächste Wellental fällt. Man muss bei jeder Bewegung an Bord die sich ständig ändernde Schwerkraft beachten. Die Ausläufer des Sturmes schütteln die *Esperanza* durch, als sei sie ein Korken. Das ist auch nicht mehr Windstärke 9. Das muss schon mehr sein.

Die Windstärke wird in Beaufort eingeteilt. Diese Skala dient der Klassifikation von Winden nach ihrer Geschwindigkeit. Der britische Admiral Francis Beaufort hat diese zwölfstufige Skala 1806 während eines Kommandos auf seinem Schiff *Woolwich* entwickelt. Es muss auf dieser Reise recht stürmisch zugegangen sein, und vielleicht war es Beaufort leid, immer wieder lange Angaben wie „Windstärke 24,7 Meilen pro Stunde" ins Bordbuch zu kritzeln. Er beobachtete das Verhalten der Segel seines Schiffes bei unterschiedlichen Windgeschwindigkeiten und legte daraufhin eine Zahlenreihe fest, bei der „0 Beaufort" Windstille bedeutet und „12 Beaufort" Orkan. Heute weiß jeder Seemann, dass man bei einer frischen Brise von „5 Beaufort" spricht, wobei sich auf mäßig bewegter See typische weiße Schaumkronen zeigen. „7 Beaufort" beschreibt einen steifen Wind bei sehr grober See, auf der sich weißer Schaum von brechenden Wellenköpfen in Streifen in Windrichtung legt. „12 Beaufort" ist ein ausgewachsener Orkan, mit brüllender See, die vollkommen weiß ist, und einer Luft voller Schaum und Gischt. Die Sicht ist gleich null.

So ergeht es auch mir jetzt beim Blick nach draußen: Die Sicht ist gleich null. Aber die Fenster unserer Kabine sind fast auf der Höhe der Wasserlinie, und so sind es eher die Wellen, die sich in den Bullaugen fangen und sie von innen wie eine Waschmaschine aussehen lassen. Ich lasse Faye in ihrer neuen

Luxuskoje zurück und suche im Schiff nach weiteren Dingen, die man vielleicht besser vertäuen könnte. Mit dem zunehmendem Schwanken der *Esperanza* werden auch einige andere Leute wieder seekrank. Was bin ich froh, dass mir das bislang erspart blieb! Da arbeite ich gern ein bisschen mehr, um die Kollegen, die es erwischt hat, zu ersetzen. Denn alles ist besser, als seekrank zu sein.

27. November 2007

Tschüss, Spitzel!

„Wir sollten ihnen einen Besuch abstatten. Mal höflich guten Tag sagen", finde ich und deute hinüber zum japanischen Küstenwachschiff. Die ganzen letzten Tage des Taifuns ist es immer in unserer Nähe gewesen – und sicher nicht, um Schutzengel zu spielen. Mit seinen 130 Metern ist das Schiff deutlich größer als unseres und hat das Unwetter besser überstanden. Aber auch wir können uns nicht beklagen. Die *Esperanza* ist schon ein tolles Schiff. Als der Taifun endlich vorübergezogen war, gab es keine wesentlichen Schäden zu vermelden. Wir waren alle froh, als das Geschaukel ein Ende fand. Die Brücke eines Schiffes erinnert mich manchmal an die Brücke des Raumschiffs *Enterprise,* wenn Captain Kirk bei „Scotty", seinem Chefingenieur, nach dem Klingonen-Angriff den Zustand des Schiffes erfragt. Und dieser dann berichten kann, dass die Dilithium-Kristalle zwar ordentlich was abgekriegt haben, aber die Reise in unendliche Weiten fortgesetzt werden kann, um neue Welten zu erforschen, die nie ein Mensch zuvor gesehen hat.

Die japanische Fangflotte ist seit Langem vom Radarschirm verschwunden. Und zurzeit ist es egal, ob wir uns ihr annähern oder nicht: Unser Bewacher kann unsere Position an sie übermitteln. Wir sind erst einmal kaltgestellt. Aber da Nichtstun uns nicht liegt, beschließen wir, mit unseren Booten zu dem Küstenwachschiff hinüberzufahren. So können wir vielleicht wenigstens ein paar Bilder machen und der Welt auf diese Weise zeigen, was eine Regierung alles macht, um uns in die Suppe zu spucken. Und wer weiß, vielleicht gibt es ja irgendeine

Reaktion. Noch immer haben wir eine bewegte See, aber so eine Überfahrt ist auch ein gutes Training. Wir lassen zwei Boote zu Wasser, Fotograf und Kameramann steigen ein, und wir machen uns auf den Weg, die zwei Meilen zu unserem Bewacher hinter uns zu bringen.

Heath ist wie Jetske, Cat und ich als Bootfahrer an Bord. Er gehört zu den Menschen, die vom Saulus zum Paulus wurden. Lange Jahre arbeitete Heath für Firmen, die nicht gerade zu den besten Freunden des Naturschutzes zählen, wie die texanische Ölfirma Exxon Mobil. Es war ihr Tanker *Exxon Valdez,* der 1989 für eine der größten Umweltkatastrophen aller Zeiten sorgte, als er im Prinz-William-Sund vor der Küste Alaskas havarierte. Kurz nach Mitternacht lief der Tanker auf das Bligh-Riff auf, während der Kapitän Joseph Hazelwood betrunken in der Koje lag. Gesteuert wurde das Schiff vom Dritten Offizier, der normalerweise aber den Käpt'n bei Navigationsänderungen und schwierigen Passagen auf die Brücke zu holen hat. Doch der war ja nun mal nicht einsatzfähig. 40.000 Tonnen Rohöl verpesteten 2.000 Kilometer Küste. Kapitän Hazelwood wurde zu einer lächerlichen Geldstrafe von 5.000 Dollar verurteilt, während Exxon Mobil sich bis heute erfolgreich weigert, die verhängte Strafe von 2,5 Milliarden Dollar zu bezahlen. Dabei wird der Ölmulti als zweitwertvollstes Unternehmen der Welt taxiert, mit einem Umsatz, der höher ist als das Bruttoinlandsprodukt von Österreich.

Kein Wunder also, dass Heath eines Morgens mit dem Gedanken aufwachte: Hey, ich verschwende ja völlig mein Leben. Weil er neben seiner Arbeit für Ölfirmen auch Erfahrungen im Weißen Haus und im amerikanischen Kongress gesammelt hatte, dazu ein Meeres-Freak ist, mit Skipperausbildung und jeder Menge Taucherfahrung, passt er bestens in unsere Boots-Crew. Keiner von uns hat einen kerzengeraden Lebenslauf. Vielleicht, denke ich manchmal, muss man wirklich zuerst

„The Dark Side of the Moon“ gesehen haben, bevor man weiß, wofür es sich zu kämpfen lohnt.

Als ich Heath vor drei Wochen in Korea kennenlernte, fragte ich ihn, was ihn zum Wechsel der Fronten motiviert habe. Seine Antwort war: “Sometimes you regret the things you didn’t do much more than the things you did.“ Das gefiel mir. Ich bin auch der Meinung, dass wir manchmal die Dinge, die wir gar nicht erst angehen, mehr zu bedauern haben als die, welche wir bereits hinter uns gebracht haben. Für Heath jedenfalls konnte die steile Karriere nicht das aufwiegen, was er heute zum Schutz der Wale vor der Ausrottung durch den Menschen beitragen kann.

Wir fahren durch die noch immer aufgewühlte See so schnell es geht in Richtung Küstenwache. Aber nach einiger Zeit ruft uns Frank über Funk und bricht unsere bewegte Fahrt bei schönstem Sonnenschein ab. Unser Bewacher ändert den Kurs und vergrößert den Abstand. Man hat uns beobachtet und will den Besuch vermeiden. Das ist gut so, denn es wird deutlich, dass das Schiff abdreht und wir es nun endlich los sind. Schade nur, dass damit auch unsere Spritzfahrt vorbei ist, die jeder von uns genießt. Nach dem Sturm und den langen Tagen an Bord ist es ein schönes Gefühl, endlich mal wieder im Schlauchboot zu sitzen.

Da man als Bootfahrer ja nur relativ wenig Zeit im Schlauchboot verbringt, hat jeder auch noch andere Arbeiten zu tun. Dabei entdeckt man oft Fähigkeiten, von denen man gar nicht wusste, dass man sie besitzt. An Bord wird Hilfsbereitschaft großgeschrieben; jeder hilft aus, wo es nötig ist. Und es ist immer irgendwo nötig, denn eine Schiffsreise fordert ihren Tribut. Ständig muss etwas repariert werden, laufend ist Putzeinsatz gefragt. Nicht nur auf Deck ist Sauberkeit oberstes Gebot. Auch unten im Maschinenraum ist es so sauber, dass man vom

Boden essen könnte. Na ja, zumindest fast. Allerdings nur, weil ständig geputzt wird. Und dazu werde auch ich jetzt von Bent herzlich eingeladen. Ich steige also in den Backofen des Maschinenraums hinab; schon auf den steilen Treppenstufen sehne ich mich nach einer frischen Brise auf Deck, die mir in diesen Breiten auch nur im Vergleich mit der Hitze im Bauch des Schiffes überhaupt frisch vorkommen kann.

Zwei Generatoren und die beiden Hauptmaschinen, hieß es, benötigen meine Aufwartung. Übersetzt heißt das: Schrubben. Nun, wo der Taifun vorüber ist, ist das Thermometer auf 36 °C geklettert. Hier unten sind es mindestens 45 °C. Da ähnelt einfaches Putzen einem Fitnesstraining in der Sauna. Als ich einen Wasserhahn öffne, um den Eimer zu füllen, kommt heißes Wasser heraus. Auch beim zweiten Vergewissern bleibt kein Zweifel: Es ist die Kaltwasserleitung.

Ich bewundere die Schiffsmechaniker, die fast ständig „unter Tage" sind. Sie sind die Bergleute eines Schiffes, kriechen in engste Spalten zwischen Maschinenteile, um einen Filter zu wechseln, und zwängen sich in kleinste Lücken, um zu schmieren oder Dreck zu beseitigen. Das alles oft bei hohem Seegang oder, wie gerade, bei enormer Hitze und unter dem ständigen Lärm der Maschinen. Um dort unten arbeiten zu können, muss man einen Gehörschutz tragen, den wir Micky-Mäuse nennen. Damit sind die Ohren komplett von kleinen Hartkunststoffschalen umschlossen, die mit schalldämmendem Schaumstoff ausgekleidet sind. Am besten benutzt man noch zusätzlich Ohrstöpsel. Trotz dieses Schutzes ist das Stampfen der Maschinen noch immer zu hören. Und natürlich zu spüren. Wenn es nicht so heiß wäre, könnte es mir fast gefallen. Ich kann mich nicht ganz der Faszination von den dröhnenden 6.000 PS direkt neben mir entziehen.

Um wie viel faszinierender müssen die großen Dieselmotoren der jüngsten Generation sein? Mit über 100.000 PS und über 2.000 Tonnen Gewicht ist ein solcher Motor so groß wie ein Passagierflugzeug. Dagegen ist unser Antrieb nur ein Motörchen. Doch in Zeiten zunehmenden Transports von Wirtschaftsgütern ist Think Big angesagt. Mittlerweile bewegen sich auf den sieben Weltmeeren Schiffe mit einer Länge von 400 Metern. Und das ist nicht das Ende der Fahnenstange. Die großen Werften dieser Welt bauen momentan an Containerschiffen der fünften Generation – eine rasante Entwicklung, wenn man bedenkt, dass die Containerschifffahrt erst vor vierzig Jahren begonnen hat.

Die größten Kolosse nennt man „Post-Panamax-Schiffe", weil sie nicht mehr durch den Panama-Kanal passen. Dieser künstliche Kanal, eine der wichtigsten Wasserstraßen der Welt, durchschneidet die Landenge von Panama in Mittelamerika und verbindet den Atlantik mit dem Pazifik. Seit er 1914 zum ersten Mal durchfahren wurde, nutzten mehr als 900.000 Schiffe die 81,6 Kilometer lange Abkürzung, mit der sich die 30.000 Kilometer lange und gefährliche Umschiffung von Kap Horn vermeiden lässt. Fünf Prozent aller Waren, die weltweit gehandelt werden, passieren dieses Nadelöhr auf dem Weg zum Verbraucher. Seit 2007 wird der Kanal nun ausgebaut, damit auch Dinosaurier-Schiffe wie die unter dänischer Flagge laufende *Emma Maersk,* mit guten 13.000 Container-Stellplätzen an Bord das größte Containerschiff der Welt, durch ihn hindurchschippern können. 109.000 PS können das knapp 400 Meter lange Schiff auf 26 Knoten beschleunigen, und das bei einem Tiefgang von 16 Metern. Eines ist klar: Neben so einem Schiff kommt man sich im Schlauchboot ziemlich klein vor.

Kaum habe ich meinen Wisch- und Schrubbeinsatz abgeleistet, suche ich den Schatten des unteren Achterdecks auf. Hier weht wenigstens noch ein Wind, wenn auch heiß und schwül, und mein durchnässtes T-Shirt will nicht trocknen.

Ich bin froh, nach dem Lärm in der Maschine einen Augenblick Ruhe zu finden. Auf dem Gang zum Achterdeck steht ein Wasserspender, aus dem sogar richtig kaltes Wasser kommt. Daraus habe ich mir ein großes Glas abgefüllt und träume davon, dass auch aus den Duschen so kaltes Wasser käme. Aber das bringt es nur auf die Temperatur des Meeres: 30 °C.

Für den Nachmittag ist wieder Driften angesagt, und als die Maschinen ausgestellt sind, kommen Gavin und Heath und müssen noch einmal Muscheln aus der Kühlwasseransaugung herausholen. Dafür hat Gavin eine Art Unterwasserstaubsauger gebastelt, da die beiden Taucher mittlerweile nicht mehr in die hintersten Ecken des Ansaugkastens gelangen. Menschen wie Gavin muss man einfach an Bord haben. Er kann alles zusammenwerkeln und erfindet oft sehr nützliche Dinge, wie zum Beispiel einen Lenkdrachen, der eine Kamera tragen kann.

Bis Gavin und Heath fertig sind, ist bereits Feierabend, und der größte Teil der Mannschaft nutzt den unerwarteten Stopp, um ein Bad im kristallklaren Meer zu nehmen. Wer völlig verschwitzt eine Abkühlung erwartet hat, wird durch die Badewannentemperatur des Wassers eines Besseren belehrt. Aber trotzdem ist es zumindest ein wenig erfrischend und bringt außerdem viel Spaß. Eine Strickleiter hängt aus der sogenannten Pilotdoor, einer Tür, die es Lotsen ermöglicht, während der Fahrt an Bord zu kommen. Auch wir Bootfahrer nutzen die Tür, um weitere Besatzungsmitglieder in die Schlauchboote aufzunehmen. Die *Esperanza* liegt in einer ruhigen Dünung, die uns trotz Windstille manchmal an die drei Meter hochhebt. Das ist auch gut so, denn die Strickleiter reicht maximal bis zur Wasseroberfläche und ist nicht ganz einfach zu erklimmen. So wartet jeder, der zurück an Bord will, auf eine möglichst hohe Welle, die ihn gleich mehrere Stufen emporhebt. Nur die Stufe muss man dann zumindest mit einem Fuß im richtigen

Augenblick treffen, sonst hängt man erst einmal mit langen Armen an der Bordwand. Einige gehen ein Deck höher und springen von der Reling aus ins Wasser, bis die Mutigsten auch vor dem Brückendeck nicht haltmachen. Mir ist heiß und ich vermeide auch im Wasser allzu viel Bewegung. Ich lasse mich mit der Dünung auf und nieder tragen und bin mit meinen Gedanken genauso weit weg von den Walen wie der Äquator von der Antarktis.

Sehr lange dauert das Bad im Meer nicht, denn bald gibt es Abendessen. Die Mahlzeiten sind an Bord die Zeiten, die jeder einhält und die dem Tag eine wichtige Struktur geben. Hier treffen sich dreimal täglich fast alle Besatzungsmitglieder gleichzeitig. Die beste Gelegenheit für Austausch und Informationsweitergabe. Ich schaue in die Runde der momentan wenig hungrigen Kollegen und denke daran, wie es früher wohl auf Schiffen zugegangen sein muss. Zu Zeiten großen Bedarfs an Seeleuten, vor allem zu Zeiten der großen Seekriege zwischen England, Frankreich und Spanien, wurden so viele Menschen auf den Schiffen benötigt, dass diejenigen, die sich freiwillig meldeten, nicht ausreichten. So wurden die Besatzungsmitglieder kurzerhand schanghait, also gewaltsam rekrutiert. Das war in den Häfen des 18. und 19. Jahrhunderts durchaus üblich. Musste die Mannschaft eines Kriegs- oder Handelsschiffes vervollständigt oder zusammengestellt werden, schickte der Kapitän seine Presskommandos durch die Kneipen und Bordelle der Stadt. Die griffen auf, wessen auch immer sie habhaft werden konnten. Die Männer wurden betrunken gemacht oder bekamen eins auf die Mütze, und wenn sie wieder zu sich kamen, waren sie schon draußen auf hoher See. Da blieb ihnen nichts anderes übrig, als sich nachträglich „freiwillig“ zu melden, um wenigstens das Werbegeld zu kassieren. Nach dem Ersten Opiumkrieg 1842, in dem die Britische Krone das Kaiserreich China zur Öffnung seiner Märkte und zur Duldung des Opiumhandels zwang, gehörte Schanghai zu den gefährlichsten Häfen der Welt. Hier wurde nicht davor zurückgeschreckt, Seeleute von deren Schiffen auf das eigene Schiff zu entführen. Zwar passiert einem das in Schanghai heute nicht mehr, aber der Ausdruck ist geblieben.

Nach dem Abendessen treffe ich Gavin in der Werkstatt, in der er schon wieder an der nächsten Erfindung bastelt. Gerade ist er dabei, eine wasserfeste Kamera, die wir Bootfahrer während unserer Einsätze am Helm tragen sollen, fertigzustellen. Er denke an Bilder wie aus einem Formel-1-Rennwagen, sagte er mir, als er sich einen der Helme mit integrierter Kommunikationseinheit nahm, um die Kamera zu testen. Ich nutze die Gelegenheit und frage Gavin nach den Muscheln. Er zuckt mit den Schultern und meint: „Alle weg. Jetzt finden sich wohl nur noch die kaputten Schalen in den Filtern."

Bevor sich jetzt Protest regt: Als Mensch, dem die Natur am Herzen liegt, sind mir auch Miesmuscheln nicht egal. Aber es gibt eben nur zwei Alternativen. Die eine ist Maschinenstopp wegen Muschelverstopfung. Die andere ist, wir entfernen sie und können weiterfahren. Wir entscheiden uns fürs Weiterfahren.

Mir sind die Tage auf dem Schiff manchmal etwas lang, und weil ich heute noch ein bisschen Luft habe und ohnehin gerne nach dem Motto „Schlafen kann ich später wieder" lebe, zieht es mich in unseren Aufenthaltsraum. In dem sind ringsum gepolsterte Sitzbänke angebracht, die mir seit der Abfahrt ein Dorn im Auge sind. Die ständigen Einsätze und die zahlreichen Crew-Wechsel haben ihre Spuren hinterlassen. Ich jedenfalls will mich zum Feierabendbierchen auf Polstern niederlassen, die diesen Namen auch verdienen. Auch die Stühle schreien förmlich nach einer Restaurierung. So nehme ich mir jetzt Sitz für Sitz vor, ziehe die alten Bezüge ab und tackere neue darauf.

Stoffe habe ich von unserem Bootsmann Grant bekommen. Grant ist in Neuseeland zu Hause, wo er auch viel auf dem Wasser ist. Hier auf der *Esperanza* ist er für die technische Ausrüstung und all die kleineren und größeren Reparaturen und Instandhaltungsarbeiten zuständig, die während einer Fahrt anfallen können. Immer wieder staune ich, welche Schätze er aus seinen Vorratskammern zieht. Selbst Stoffe in den Farben Leuchtendgrün und Ultramarinblau hat er im Angebot. Wobei diese ursprünglich ganz andere Funktionen hatten, als Sitzpolster zu umhüllen. Der blaue Stoff stammt beispielsweise von den alten Segeln der versenkten *Rainbow Warrior*. Gerade bin ich mit der Arbeit fertig, als Bent und Paul hereinschneien. Bent bietet mir einen Cappuccino an und Paul jongliert mit einer silbernen Scheibe zwischen den Fingern.

„*Transformers*", sagt er. „Guter Film."

„Oh! Den wollte ich schon lange mal sehen!", antworte ich begeistert. „Worum geht es da eigentlich genau? Ich kenne nur die schicken Szenen, in denen sich so Maschinen verwandeln."

Bent ist kein Mann von langem Gerede und meint nur trocken: „Guck ihn einfach an. Ist gut."

Klar, dass er so einen Film gut findet, Bent mag alle Filme, in denen Autos, Motorräder und überhaupt Motoren vorkommen. „Der einzige Geruch, der mich anturnt", schreibt er auf unserer Greenpeace-Webseite, „ist der Geruch von Diesel."

Paul steckt die DVD in den Player. Ein Film über den Kampf zweier außerirdischer Roboterrassen auf der alten Mutter Erde ist ganz nach unserem Geschmack. Und so sehen wir zu, wie der jugendliche Held Sam Witwicky sein erstes Auto bekommt, einen alten, störrischen Chevrolet Camaro, und keine Ahnung davon hat, dass darin ein gigantischer Roboter steckt, der sich blitzartig in einen Kampfpanzer oder ein Flugzeug verwandeln kann. Das liegt daran, dass bei Sam die Hormone regieren und er an nichts anderes denkt als daran, wie er seine neue

Flamme Mikaela zum romantischsten Plätzchen der Stadt entführt. Unterwegs aber streikt das Auto und das Mädel öffnet die Motorhaube. Ein Bild, das sowohl in Paul als auch in Bent große Anerkennung hervorruft.

„Tolle Frau!“, stellt Paul fest, worauf Bent ohne Pause erwidert:“ Toller Motor!“

Ich bekomme die nächsten Augenblicke nichts mehr vom Film mit: Das war der Dialog der Woche! Auf dem Bildschirm verwandelt sich Sams Auto in einen riesigen Roboter. Der sagt, er sei ein Autobots-Friedenskämpfer und müsse den Allspark-Energiewürfel vor den bösen Deceptions schützen. Oder so was Ähnliches. Eigentlich ist mir die Geschichte egal. Aber die Trickeffekte sehe ich mir zu gerne an.

30. November 2007

Stiller Stiller Ozean

Das ist der einsamste Ozean, auf dem ich jemals unterwegs war, und er macht seiner Bezeichnung Stiller Ozean alle Ehre. Mir gefällt aber auch der Ursprung des Namens Pazifik, der aus dem Lateinischen stammt, von *pacificus*, „Frieden schließend". Das kommt daher, dass die europäischen Seefahrer auf dem Weg um Kap Horn dort dem Gegenteil von „friedlich" ausgesetzt waren. Erlebten sie dann das heitere und ruhige Wetter des Stillen Ozeans, bekamen sie poetische Anwandlungen. Die aber immer nur so lange anhielten, bis Mr. Pazifik seinen nächsten Taifun vorbeischickte, ganz unter dem Motto: Wir können auch anders.

Wer sich den Globus mal näher betrachtet, stellt fest, dass der Pazifik vor allem zweierlei ist – zum einen sehr groß, zum anderen sehr tief. Sowohl in Fläche als auch mittlerer Tiefe wartet er mit Spitzenwerten auf. 35 Prozent der gesamten Erdoberfläche sind von pazifischem Gewässer bedeckt. Für Zahlenfanatiker: Das sind 181,34 Millionen Quadratkilometer, die Nebenmeere mit eingerechnet. Im Durchschnitt ist er 4.000 Meter tief, wobei der 11.034 Meter tiefe Marianengraben im westlichen Pazifik zugleich der tiefste erreichbare Punkt der Erde ist. Daneben gibt es noch einen weniger erfreulichen Rekord. Der Nordpazifikwirbel ist auch der größte Müllstrudel der Welt. Durch das Zusammenwirken von Meeresströmungen entsteht ein subarktischer Wirbel, in dem sich ein Zivilisationsmüllteppich von der Ausdehnung Zentraleuropas angesammelt hat. Wer nicht vor Scham die Augen schließt, findet darin Abertausende von Kabeltrommeln, CD-Hüllen,

Einmalrasierern, Eimern, Zahnbürsten, Feuerzeugen. Rund einhundert Jahre dauert die Zersetzung von Kunststoff im Meer, da wird also noch einiges zusammenkommen. Und er verschwindet nicht einfach, die Partikel werden nur immer kleiner gerieben. Und woher stammt der Müll? Zu einem großen Teil von Frachtschiffen wie der *Hansa Carrier,* die 1990 während eines Sturms südlich von Alaska 80.000 Nike-Schuhe verlor. Das Umweltprogramm der Vereinten Nationen mit Hauptsitz in Nairobi, Kenia, stellte in seiner Studie zur Verschmutzung der Weltmeere fest, dass bis zu 18.000 Plastikteile auf jedem Quadratkilometer Meeresfläche treiben. Mittlerweile sterben viele Tiere an diesem Müll. Entweder weil sie ihn verschlucken und er im Magen einfach Platz wegnimmt, oder weil sie sich darin verheddern und nicht mehr ernähren können.

Ich habe eher das Gefühl, dass der Ozean seinen Namen daher hat, weil es hier kaum Leben gibt. Zumindest sieht man fast nichts. Das Wasser ist glasklar und strahlend tiefblau, was auf wenige Nährstoffe schließen lässt. Offenbar fehlt es an Strömungen, die nährstoffreiches Wasser mit sich führen. Kämen nicht immer mal wieder ein paar Fliegende Fische vorbei, würde ich mich wie Kevin Costner in *Waterworld* fühlen. Diesen Film habe ich gestern in meiner Koje auf dem Laptop gesehen. Weil er erzählt, wie nach einer ökologischen Katastrophe die Polkappen schmelzen und die Kontinente unter Wasser gesetzt werden, passte er gut zu meiner Stimmung. Als Mutant ist der Protagonist des Films in der Lage, mit seinen Kiemen nach Herzenslust zu tauchen – das würde mir auch gefallen. Doch so muss ich mich mit den Fliegenden Fischen trösten, die aufgrund ihrer flügelähnlichen Flossen auch ein wenig wie Mutationen wirken. Sie können zwischen 50 und 100 Meter im Gleitflug über der Wasseroberfläche schweben und erreichen Höhen von bis zu fünf Metern. Achtung, Fisch im Anflug: Das sieht schon ziemlich skurril aus. Manchmal finden wir welche an Deck. Wenn wir es früh genug bemerken, können wir sie lebend zurück ins Meer befördern. Mit ihren langen, dünnen Flügelflossen sehen sie auch von Nahem betrachtet ziemlich seltsam aus.

Gestern saßen Frank, Karli, Leandra und ich noch einige Zeit auf der Brücke und unterhielten uns über unsere weiteren Möglichkeiten. Eines ist auf jeden Fall klar: Auf dem Weg in die Antarktis werden wir die japanische Fangflotte nicht mehr zu Gesicht bekommen. Die Schiffe haben den Taifun westwärts umgangen, sind zwischen den Philippinen hindurch und fahren westlich Australiens in die Antarktis. Wir diskutierten, wie wir sie vor Ort am besten aufstöbern können. Wie gesagt, der Pazifik ist groß, sehr groß. Aber auch das Südpolarmeer ist nicht zu verachten. In Äquatornähe – wobei mit „Nähe" eine Distanz von vier Breitengraden gemeint ist – gibt es noch ein paar Inselgruppen, wie die Salomonen, die Gesellschaftsinseln und Französisch-Polynesien. Dazu einige Einzelinseln wie Fidschi und Tonga. Dann ist da noch Pitcairn, wo die Meuterer der *Bounty* und ihre Nachfahren eine neue Heimat fanden. Die Insel liegt jeweils 5.500 Kilometer von Neuseeland und Südamerika entfernt und ist damit ein recht einsames Fleckchen Erde. Rapa Nui, berühmt als Osterinsel durch die Moais, monumentale Steinskulpturen, ist als Pitcairns nächster Nachbar über 2.000 Kilometer entfernt.

Zwischen Rapa Nui und Südamerika kommt nicht mehr viel. Nur das vielleicht rätselhafteste Eiland von allen, die Isla Podestá, die 1879 auf einer Breite von 32°14'S und einer Länge von 89°08'W in die Karte des Instituto Hidrográfico de la Armada in Chile eingetragen und seither nie wieder gefunden wurde. Und dann noch die Insel Más a Tierra, die heute Isla Robinson Crusoe heißt. Auf ihr überlebte Alexander Selkirk, ein schottischer Seemann, vor drei Jahrhunderten mutterseelenallein vier Jahre und fünf Monate lang. Der Schriftsteller Daniel Defoe verewigte ihn in seinem Roman *Robinson Crusoe,* den ich aber in unserer Bibliothek nicht finden kann. Zwischen diesen Inseln und der Antarktis ist nichts anderes als Wasser, Wasser und nochmals Wasser. Trotzdem bleibe ich bezüglich dieses „Nadel-im-Heuhaufen-Problems“ gelassen. Wir haben die Flotte noch immer gefunden und werden das auch dieses Mal schaffen.

Was mir dagegen die Ruhe raubt, sind einige andere schlechte Nachrichten. Wir müssen Neuseeland anlaufen, um zu tanken, Proviant zu bunkern und ein paar Crewmitglieder auszutauschen. Das ist noch alles normal. Aber seit einiger Zeit wissen wir, dass unser Helikopter schwere Sicherheitsmängel aufweist. Offenbar wurden bei den Wartungsarbeiten in Korea Fehler gemacht. Jetzt planen wir, unseren „Tweety“ in Neuseeland an Land zu bringen und die Wartung dort fertigzustellen. Nach unserem Besuch in Auckland wollen wir direkt ins Südpolarmeer weiterfahren. Ein Einsatz in der Antarktis ohne Tweety ist eigentlich undenkbar! Den Hubschrauber benötigen wir zum Suchen, zur Dokumentation und zur Eisaufklärung.

1. Dezember 2007

Neptuns Kinder

Eine Rolle Klopapier schlängelt sich durch den Gang, darauf stehen wenig schmeichelhafte Wünsche an Neptun, in allen Sprachen, die unter den Pollywogs vertreten sind. Und das sind zehn. Wir Pollywogs, die wir den Äquator auf dem Seeweg noch nicht überquert haben, wissen: Neptun kann im Vorfeld durch nichts gnädig gestimmt werden! Also beschließen wir, unsere Galgenfrist mit dem passenden Humor zu überstehen. So ist auf dem Klopapier zum Beispiel zu lesen: Nur ein toter Fisch ist ein guter Fisch! Oder: Neptun, go home! Den Nettigkeiten sind keine Grenzen gesetzt. Ich habe das Gefühl, es sei schon so viel passiert, aber wir stehen immer noch am Anfang unserer Fahrt. Am liebsten würde ich Neptun um Dinge bitten wie eine gute Heimkehr. Oder darum, dass wir die Fangflotte schnell finden. Oder darum, dass die Harpunen nicht treffen. Aber die Stimmung lässt so etwas Positives jetzt nicht zu.

Der längste Teil der Fahrt liegt noch vor uns, und einmal mehr stelle ich fest, dass die Zeit nichts Absolutes ist. Wir haben uns zu ihrem Sklaven gemacht, spätestens mit der Erfindung des mechanischen Weckers Ende des 19. Jahrhunderts. Aber nach wie vor spielt sie mit uns, läuft davon und bleibt stehen, wenn ihr danach ist. Hier im stillen Stillen Ozean wünsche ich mir, dass sie rückwärts läuft. Doch ihrem strengen Diktat des unumkehrbaren Voranschreitens kann ich mich ebenso wenig entziehen wie der Äquatortaufe. Wir haben von den Quälereien während der Taufzeremonie gehört, welche die Shellbacks, die großmäuligen Äquatorprofis, den Neulingen im Namen Neptuns angedeihen lassen. Die Gerüchteküche der *Esperanza* brodelt: Uns droht viel Unbill, von Glatzescheren über Zähneziehen bis hin zum Bad in den gesammelten Küchenabfällen. Dagegen nimmt sich Seife-Essen geradezu harmlos aus, ebenso wie das Küssen irgendwelcher Körperteile mit verbundenen Augen. Während der Taufe werden wir den Launen der Shellbacks wohl hilflos ausgeliefert sein, sie sind eindeutig in der Überzahl. Und so versuchen wir, wenigstens im Vorfeld so viel Spaß wie möglich zu haben. Vorsorglich haben wir uns T-Shirts angefertigt, auf denen steht: "Neptun, kiss my arse." Derart gewappnet, treffen wir uns am Abend der Äquatorüberquerung zu unserer Henkersmahlzeit.

Was die Kochkunst an Bord der *Esperanza* angeht, können wir dieses Jahr von Glück reden. Mit Ronnie und Simona hätten wir es nicht besser treffen können. Simona ist Italienerin und hat damit das Kochen schon im Blut. Ronnie stammt von den Philippinen und ist ein echter Profi. Bereits mit sechs Jahren half er seinen Eltern in der Restaurantküche. Auf einem Schiff zu kochen, ist eine ganz besondere Herausforderung. Seeluft macht hungrig, harte Arbeit ebenfalls, und häufig ist das Essen die einzige Unterbrechung langweiliger Routine. Nicht umsonst heißt es: „Der Koch ist der wichtigste Mann an Bord!“, ohne gutes Essen gibt es keine gute Stimmung. Deshalb ist die Arbeit der Küchencrew auf einem Schiff nicht zu unterschätzen.

Abwechslungsreich muss das Essen sein, was gar nicht so einfach ist, wenn man nicht jeden Tag einkaufen gehen kann. Das wird besonders am Ende einer Tour, wenn die Vorräte zur Neige gehen, immer schwieriger. Dann muss das Essen natürlich gesund sein, und damit ist nicht nur das Vorbeugen gegen Skorbut gemeint, der im Mittelalter eine der häufigsten Todesursachen unter Seeleuten war. Wie 1498, als der Entdecker des Seewegs nach Indien, der Portugiese Vasco da Gama, von 160 Mann Besatzung 100 Leute allein wegen Skorbut verlor. Damals bestanden die Bordmahlzeiten aus Schiffszwieback und Pökelfleisch. Erst der britische Schiffsarzt James Lind konnte 1753 mit seinem Nachweis, dass Zitrusfrüchte, vor allem aber Sauerkraut, welches aus der Heimat mitgenommen werden konnte, gegen Skorbut helfen, dieser Geißel der Seefahrt ihren Schrecken nehmen. Auf der *Esperanza* haben unsere beiden Köche weitaus mehr zu tun, als nur den Skorbut von uns fernzuhalten: Vom Veganer über den Vegetarier bis zum Besatzungsmitglied mit Lebensmittelallergie müssen sie alle zufriedenstellen. Außerdem ist auch und gerade die Küche ein Ort, der sauber gehalten werden will. Die Bezeichnung des Schiffskochs als Smutje kommt aus dem Plattdeutschen, heißt so viel wie „Schmuddelchen" und ist daher alles andere als ein Kosename. Ronnie ist das glatte Gegenteil eines Smutjes; seine Kombüse ist immer sauber und aufgeräumt. Welchen Seegang wir auch haben: Das Essen steht pünktlich auf dem Tisch. Wobei man das erst einmal hinbekommen muss. Schon ab 5 Beaufort wird das Hantieren mit Töpfen am heißen Herd zu einer riskanten Angelegenheit.

Ob Schweinebraten oder Lasagne, Mango Chutney oder Frühlingsrollen, Rippchen oder Omelett – Ronnie und Simona stellen unter Beweis, dass man auch auf hoher See internationale Küche zaubern kann. Ihr Reich kann sich im Übrigen durchaus sehen lassen. Gute 30 Quadratmeter stehen ihnen zur Verfügung. Drin ist alles, was zu einer Großküche gehört. Darüber hinaus gibt es ein paar Dinge, die man nur auf Schiffen findet. Zum Beispiel die fest installierte selbstheizende Pfanne, die verhindert, dass den Köchen beim ständigen Auf und Ab heißes Bratenfett um die Ohren schwirrt. Eine Etage tiefer werden in zwei begehbaren Speisekammern und fünf Gefrierkammern mit unterschiedlichen Temperaturen die Vorräte gebunkert, die uns hungrige Mäuler vor der Meuterei bewahren sollen.

Weil die Köche kaum Freizeit haben und Simona zu uns Pollywogs gehört, bieten wir Ronnie großzügig an, den Abend freizunehmen. Damit gehört die Kombüse heute den Pollywogs, und wir planen für uns ein Gourmetessen als Henkersmahlzeit und für die Shellbacks eine karge Mahlzeit. Simona macht die beste Lasagne, die ich je gegessen habe, Sakyo macht Sushi, Irene, die Freundin vom Kapitän und gleichzeitig unsere Internetredakteurin, brät kleine Hühnerbeine. Jeder der armen Pollywogs packt mit an, vom Herrichten des Tisches bis hin zum Kredenzen des Weines: Wir haben eine wahrlich königliche Henkersmahlzeit. Den Shellbacks servieren wir trockenen Reis mit dicken Bohnen. Damit haben wir uns echte Feinde gemacht! Beim Essen hört der Spaß an Bord auf.

Schließlich wird es ernst. Um unsere Ankläger einzuschüchtern, schmieren wir uns Nutella ins Gesicht, ziehen unsere T-Shirts an – Neptun, kiss my arse – und gehen aufs Achterdeck. Der Meeresgott lässt uns noch einige Zeit warten, bevor er mit seiner Frau den eigens errichteten Thron besteigt. Er ist umringt von allerlei Anhängern, die jetzt auf die Gerichtsverhandlung warten. Neptuns Frau trägt pinkfarbene Haushaltshandschuhe und sieht umwerfend aus! Gespielt von Mir, dem Assistenten der Funker, erweist sie sich als ausgesprochen eifersüchtig. Wir haben natürlich keine Gnade zu erwarten. Bevor es endlich losgeht, werden wir von Neptuns schwarzgesichtigen Wächtern mit Äxten, die nicht aus Pappmachee sind, sondern aus dem Werkzeugraum stammen, auf die Knie gezwungen.

„Regine“, donnert Neptuns Ankläger, „du hast nicht nur ein vorlautes Mundwerk, sondern auch den Äquator ohne die Erlaubnis Seiner Hoheit überquert, und das gleich dreimal. Was hast du zu deiner Verteidigung zu sagen?“

Ich probiere es mit: „Was kann ich dafür, wenn der Käpt'n Schlingerkurs fährt?“, aber davon will Neptun nichts wissen.

Kurzerhand spricht er uns alle schuldig. Wir sollen durch eine handfeste Taufe vom Schmutz der nördlichen Halbkugel befreit werden. Neben mir kniet Heath, der Orlando Bloom zum Verwechseln ähnlich sieht. So wundert es mich nicht, dass Neptuns Frau mit quietschender Stimme ihren Ehemann auffordert: „I want him!“ Offenbar steht Neptun unter der Knute seiner streitsüchtigen Gattin, denn fast scheint es, als würde er unseren gutaussehenden Sunnyboy an die alte Xantippe ausliefern. Dann aber besinnt sich der Gott des Meeres und verbietet jegliche Sonderbehandlungen. Wobei natürlich zu fragen bliebe, ob es Heath in den Gummihänden der Herrscherin wirklich besser ergangen wäre als nun uns allen. Wir werden mit den Feuerlöschschläuchen abgespritzt, bis der letzte Nordhalbkugel-Dreck von uns abgewaschen ist. Klatschnass erhalten wir von Neptun einen Namen aus seiner Unterwasserwelt.

„Dich, Regine“, lässt er verlauten, „taufe ich auf den Namen Basking Shark.“

Das gefällt mir. Der Basking Shark ist ein Riesenhai, der sehr gefährlich aussieht, aber in Wirklichkeit ein harmloser Planktonfresser ist.

Nachdem jeder einen Namen bekommen hat, verbrüdern und verschwestern wir uns mit einem fröhlichen Fest auf dem Helideck. Wir sind glimpflich davongekommen, haben wir doch in den letzten Nächten die eingefrorenen Küchenabfälle entsorgt. So blieb uns das Bad in dem ekligen Gestank erspart. Allerdings waren einige der Shellbacks wirklich etwas sauer, weil sie meinten, unsere Taufe sei viel zu seicht gewesen. Mir war es nur recht!

2. Dezember 2007

Seemannssonntag

Heute ist Sonntag und ich habe frei. Nichts putzen, nichts reparieren, kein Training, der Laptop bleibt aus – allerdings auch nicht ausschlafen, denn um acht Uhr morgens zeigt das Thermometer bereits 37 °C an. Keine trockene Hitze, sondern schwül. Kaum gehe ich auf das Helideck, lerne ich die erste Lektion des Tages: Sonne, die senkrecht auf Stahl brennt, sorgt fürs Füße-auf-Herdplatte-Feeling. Das verspricht, ein wunderbarer Seemannssonntag zu werden.

Ein Name, der nicht wirklich hält, was er verspricht. Wie vieles auf hoher See hat auch der Seemannssonntag seine Eigenheiten. Darunter die, dass er eigentlich gar nicht auf den Sonntag fällt, sondern auf den Donnerstag. Zurückzuführen ist diese verwirrende Namensgebung auf ein altnordisches Brauchtum, nach dem Seeleute einst zu Ehren des Donnergottes Thor jeden Donnerstag eine ordentliche Festmahlzeit verputzten. Die bestand bestimmt nicht nur aus Schiffszwieback und Pökelfleisch, da bin ich mir sicher. Von diesem Ritual ist heute auf einigen Schiffen nur noch die Regelung übrig geblieben, dass sich jeder an Bord am Donnerstag beim Koch Eier nach Wunsch bestellen kann. Doch bei dieser Affenhitze steht Essen ohnehin nicht zur Debatte. Brauchtumspflege hin oder her. Ich stelle mich an die Reling und schaue hinaus aufs Meer, das noch immer so nährstoff- und tierarm ist wie die Tage zuvor. Die Sonne scheint mit so hoher Intensität auf die Oberfläche, dass man dem Wasser beinahe beim Verdunsten zusehen kann. Zumindest fühlt man es: Fast ist die Luft zu feucht zum Atmen.

Wie anders war das bei meiner ersten Fahrt in die Antarktis, als Crewmitglied der *Arctic Sunrise*. Da konnte ich um diese Zeit schon Eisberge zählen. Auf den Tag zwei Jahre ist es her, dass wir beschlossen, ein kleines spontanes Bootstraining einzulegen. Und weil so ein Training am effektivsten ist, wenn man ein Ziel hat, fiel unser Blick gleich auf die uns begleitende *Esperanza*. Bei dichtem Schneefall enterte eine kleine Gruppe mitten in der Nacht, die taghell war, das befreundete Schiff.

Dafür hatten wir ein kleines Banner gebastelt, das beweisen sollte, dass wir an Bord gewesen waren. Und um noch einen draufzusetzen, sollte ein Kletterer eine kleine Trophäe aus dem Kühlschrank mitbringen. Um vier Uhr morgens machten wir uns bereit. Unsere *African Queen*, eines der Schlauchboote, hing wie immer einsatzbereit in ihren Spezialhalterungen seitlich an Steuerbord. Mit der Winsch ließen wir sie zu Wasser, sodass sie nach dem Aushaken nur noch durch die Bugleine mit dem Mutterschiff verbunden war. Der Motor wurde gestartet, der Beifahrer hakte die Leine aus und los ging's! Durch eine dicke Nebelsuppe steuerte die *Queen* in Richtung der rund eine Meile vor uns fahrenden *Esperanza*. Von der Brücke aus wurden wir über Funk mithilfe des Radars geleitet, denn die *Esperanza* war trotz der geringen Entfernung wegen des Schnees ringsherum nicht zu sehen. Die *African Queen* ist acht Meter lang und mit ihrem 350-PS-Diesel-Innenborder ein zuverlässiges Arbeitsboot. Im heftigsten Schneetreiben wartete die Besatzung die Wachrunde ab. Dann wurde das Schiff geentert, das Banner auf der kleinen Leine für Gastflaggen hochgezogen und unbemerkt die Beute aus dem Kühlschrank geholt. Wir kehrten auf die *Arctic Sunrise* zurück und feierten unsere gelungene Trainingseinheit mit einem deftigen Frühstück.

Solche kleinen Fingerübungen sind gut als Probe für den Ernstfall. Der kam zum Beispiel im Juni 2007 beim G8-Gipfel in

Heiligendamm. Bekanntermaßen wollten die Herren und Damen Regierungschefs der Gruppe der Acht lieber unter sich bleiben. Ist ja auch bequemer. Die deutsche Regierung, als aufmerksamer Gastgeber, nahm 100 Millionen Euro aus der Kaffeekasse, um diesem Verlangen nach häuslicher Atmosphäre nachzukommen. Unter anderem wurde ein zwölf Kilometer langer und zweieinhalb Meter hoher Zaun errichtet, mit Stacheldraht, Kameraüberwachung, Bewegungsmeldern und was noch alles dazugehört, um unliebsame Gäste fernzuhalten.

„Da kommt nicht mal eine Maus rein", war der offizielle Jargon der Sicherheitskräfte. Wie gut, dass ich keine Maus bin. Unsere kleinen Katamaranschlauchboote, die auf einmal über die Ostsee gesaust kamen, sorgten jedenfalls für verdutzte Gesichter bei Wasserschutzpolizei, Marine und Special Forces. Diese Boote sind extrem wendig und sehr schnell – und so schlüpfte die Maus doch in die Sperrzone. Durch unsere Aktion machten wir die Mächtigen der Welt darauf aufmerksam, dass es nicht genügt, wenn man bis 2050 eine Halbierung der Kohlendioxidemissionen „ernsthaft in Betracht zieht", wie im Abschlusspapier zu lesen war.

Vielleicht sollte der nächste G8-Gipfel auf dem Larsen-Schelfeis stattfinden – wenn bis dahin noch etwas übrig ist. Ähnlich wie das Wilkins-Schelfeis ist es massiv bedroht. Der kanadische Astronaut Steve MacLean gehört zu den wenigen Weltraumfahrern, die zweimal ins All reisten, und das im Zeitabstand von 14 Jahren. In einem Interview mit dem kanadischen Rundfunk berichtete er, wie heftig er während der zweiten Reise im September 2006 erschrak. Vom All aus war deutlich zu sehen, wie weite Teile der polaren Eisflächen einfach verschwunden waren. Ich bin mir sicher, selbst der amerikanische Präsident würde das Kyoto-Protokoll ratifizieren, fände die Sitzung auf einer rasch dahinschmelzenden Eisscholle statt.

Noch aber braucht es viel Überzeugungsarbeit, uns Menschen klarzumachen, dass die Ressourcen der Erde endlich sind. Immer wieder werde ich gefragt, wieso ich dafür meine Gesundheit und mein Leben aufs Spiel setze, wenn ohnehin klar ist, dass Politiker machen, was sie wollen. Meine Antwort ist eindeutig: Nur wer aufgibt, hat verloren. Zwar stecken wir beim Einsatz zum Schutz unserer Lebensgrundlagen immer wieder Niederlagen ein, aber wir feiern auch mehr und mehr Erfolge. Selbst wenn neun Jahre Kampf um ein 1,8 Millionen Hektar großes Regenwaldgebiet in Kanada anstrengend sind: Wird es am Ende vor der Säge gerettet, haben sich alle Mühen gelohnt. Deshalb ist Greenpeace am Amazonas so aktiv wie an der russisch-finnischen Grenze. Deshalb führen wir zähe Verhandlungen mit Handelsketten, um sie zur Reduzierung von Pestiziden in Nahrungsmitteln zu bewegen. Deshalb bringen wir Kühlschrankhersteller auf die Idee, dass es auch ohne FCKW geht.

Gerade der Schutz der Wale zeigt, wie hartnäckig, ausdauernd, standhaft und unbeugsam man sein muss, um Politiker zum Umdenken zu bewegen. Es sind ja nicht allein die Japaner, die an kommerziellem Walfang interessiert sind. Aber sie sind die einzigen, die wissenschaftlichen Walfang vorschieben, um jedes Jahr allein in der Antarktis über 1.000 Wale zu erlegen. 1986 wurden die Quoten für den kommerziellen Walfang auf null gesetzt. Dennoch hielten sich auch Länder wie Island und Norwegen nicht an das Moratorium. Island hat den Walfang wenigstens eine Zeit lang eingestellt, ihn aber vor Kurzem wieder aufgenommen. Seit 1989 müssen Islands Politiker über 35.000 tote Wale verantworten. Und seien die Wale erst einmal tot, meinte das zuständige Ministerium, müsse man das Fleisch wohl oder übel im Laden verkaufen. Nur hatte Islands Bevölkerung keine Lust auf Walfleisch. So verrotteten auch auf der größten Vulkaninsel der Welt Tausende Tonnen Walfleisch

Die reine Wissenschaft war ihr nicht genug. Seit vielen Jahren ist die Geologin und Paläontologin Regine Frerichs auch Bootsführerin und Taucherin bei Greenpeace. Bei den Kampagnen gegen den Walfang setzt sie nicht nur ihre Energie, sondern auch ihr Leben für das der Meeresgiganten ein.

▲ *Der Beginn einer langen Reise ins ewige Eis: Die* Esperanza *läuft im südkoreanischen Masan aus, um sich an die Fersen der japanischen Walfangflotte zu heften.*

▼ *Nicht nur das Schiff, auch die Crew hat „Eisklasse". Alle an Bord sind speziell für den Einsatz gegen die illegale Jagd in der Antarktis geschult.*

▲ *Dimensionen sind relativ.*
Trotz seiner imposanten Größe erscheint der Buckelwal im Sprung so leicht wie ein Tänzer.

▼ *Als „Zwerg" gilt der Minkewal wohl nur im Vergleich mit seiner riesigen Verwandtschaft. Er selbst wird bereits bis zu stattlichen zehn Metern groß.*

An Bord gibt es immer etwas zu tun, da muss die gesamte Besatzung mit anpacken. Die Überfahrt in die Antarktis wird genutzt, um die Esperanza *auf Vordermann zu bringen. Vor allem das Vertäuen loser Gegenstände ist eine wiederkehrende Aufgabe.*

▲ *Weihnachten findet auch auf hoher See statt. Koch Ronnie verteilt beim Julklapp die Geschenke.*

▼ *Um tagsüber fit zu sein, geht es abends ab in die Koje. Ohne Seegang liegt es sich hier sogar ganz und gar waagerecht.*

GREENP

Boote kranen (l.o.), An- und Ablegen am Schiff (r.u.), Manöver fahren – um auf den Ernstfall vorbereitet zu sein, trainieren die Bootfahrer so oft wie möglich und halten die Ausrüstung in Schuss. Der Überlebensanzug (l.u.) will besonders gepflegt sein, denn sein Name ist Programm: Im eisigen Wasser des Südpolarmeers schützt er vor Unterkühlung – zumindest eine Weile.

▲ *Die Roaring Forties auf dem Weg gen Süden warten mit heftigen Stürmen auf. Mit dem T-Shirt-Wetter ist es bei Windstärken von bis zu 12 Beaufort vorbei.*

▼ *Wer mit Seemannsbeinen und einem robusten Magen ausgestattet ist, übersteht auch den „Schleudergang" auf der* Arctic Sunrise.

▲ *Ankunft in der Antarktis. Der Anblick der majestätischen Eisberge ist immer wieder überwältigend. Wie lange diese einzigartige weiße Welt noch existieren wird, liegt allein in unserer Hand.*

▼ *Die* Esperanza *ist auf der Suche nach der Fangflotte, deren Spur sie vor der japanischen Küste verloren hat. Auf ihrer Fahrt begleiten sie Albatrosse, Sturmvögel – und natürlich Wale.*

„Zu Tode erforscht" – der wissenschaftliche Vorwand, mit dem Japan die Waljagd rechtfertigt, ist schwer haltbar, wenn die Tiere auf dem Fabrikschiff gleich zu portionsgerechten Stücken verarbeitet werden. Würde tatsächlich Forschung betrieben werden, wie es die Aufschrift des Fangschiffs vorgibt, müsste bei den heutigen Methoden kein Wal mehr sterben.

Um sicherzugehen, dass die Weltöffentlichkeit von den Machenschaften der Walfänger erfährt, unternehmen die Aktivisten riskante Manöver, bei denen sie sich so nah wie möglich zwischen Wal und Jäger drängen – manchmal auch bis in die Schusslinie der Harpunen. Aufklärung ist neben dem Verhindern der Jagd das oberste Ziel der Aktionen im Südpolarmeer.

Wasser wird auf beiden Seiten zur Abwehr eingesetzt.
Die Aktivisten nutzen die Fontänen von Feuerlöschpumpen, um den Harpunieren die Sicht zu nehmen. Die Wasserkanonen der Walfänger sollen die Boote vom Fangschiff fernhalten.

第二勇新丸
YUSHIN MARU No.2

David gegen Goliath – um den Austausch von Treibstoff und gefrorenem Walfleisch zwischen der Nisshin Maru *und dem Versorgungsschiff* Oriental Bluebird *zu dokumentieren, wagen sich die Bootfahrer in ihren winzigen Gefährten bis an die Stahlkolosse der Walfänger heran.*

Fender, so groß wie die Boote selbst, erschweren den Aktivisten den Aufenthalt zwischen den riesigen Schiffen. Wer auf den Schlauchbooten mit hinausfährt, muss deshalb Steuer und Wasserverhältnisse fest im Griff haben.

Ein letzter Gruß, bevor es heimwärts geht?
Dieses Mal konnten zahlreiche Wale gerettet werden.
Doch die nächste Jagdsaison wird kommen ...

Dann heißt es für die Wale wieder untertauchen.
Und für Regine Frerichs beginnt eine neue Reise ins Südpolarmeer –
für den Erhalt der Meeresriesen und unserer gemeinsamen Zukunft.

in Lagerhäusern. „Schicken wir's doch nach Japan", dachte das Ministerium, „da muss die Kasse doch klingeln." Schließlich lässt sich der japanische Feinschmecker sein Kilo Walfleisch 350 US-Dollar kosten. Doch die Handelsbeziehungen in puncto Walfleisch haben seit der Erhöhung der japanischen Fangquote eher gelitten. Die Japaner sind nicht mehr an ausländischem Walfleisch interessiert, weil sie nicht wissen, wohin mit dem eigenen. Außerdem ist das Fleisch der Tiere der Südhemisphäre sehr viel unbelasteter von Schadstoffen.

Eine total, total verrückte Welt heißt ein Film von Stanley Kramer mit Spencer Tracy in der Hauptrolle. Den haben wir ebenfalls mit an Bord, vielleicht, weil sein Titel so wunderbar zu dieser Situation passt. Verrückt ist auch, dass Länder wie Island mit Whale Watching inzwischen viel mehr Geld verdienen als durch Walfang. Jahr für Jahr pilgern 60.000 Touristen in die Fjorde, um Wale in ihrer natürlichen Umgebung zu beobachten. 25 Millionen US-Dollar lassen sie pro Saison im Land. Also müsste doch alles klar sein. Denkste. Statt vernünftig zu werden, beschloss die Regierung 2006, den kommerziellen Walfang wieder zuzulassen. Deshalb sage ich: Nur weil die Klugen zu oft nachgeben, regieren die Dummen die Welt. Das darf man nicht durch Resignation unterstützen. Deshalb geben wir auch nicht auf.

Kapitel 4

Unfreiwilliger Zwischenstopp

6. Dezember 2007

Flügellahmer Tweety

Wir sind 100 Seemeilen vor Auckland, Neuseeland. Morgen werden wir den Hafen erreichen. Dort können wir uns mit neuem Proviant eindecken, vor allem aber muss unser Helikopter Tweety repariert werden. Der wurde nach dem kleinen gelben Kanarienvogel getauft, der alle Gefahren mit so viel Geschick und List meistert. Auch wenn Kater Sylvester ständig auf der Lauer liegt – Tweety piepst: „War da nicht 'ne Miezekatze?“, und trickst ihn aus. Unser Tweety ist knallrot, und der Kater Sylvester ist eher die *Nisshin Maru,* aber momentan sieht es mehr danach aus, als sei Tweety mit seinem Latein am Ende. Das Ersatzteil scheint auch in Neuseeland nicht aufzutreiben zu sein. Deshalb soll der kleine Hubschrauber jetzt zur Werkstatt vorausfliegen, um Zeit zu gewinnen. Schon früh um sieben Uhr will Hughie abheben. Chris bleibt an Bord. Ich hatte Nachtwache und bin erst um vier Uhr ins Bett gekommen. So bekomme ich den Start von Tweety gar nicht mit.

Fliegen hat mich ebenfalls immer begeistert. Ich habe in Kanada zwar Flugstunden genommen, aber nie die Möglichkeit gehabt, einen Hubschrauber zu fliegen. Von den technischen Fähigkeiten dieser Maschinen bin ich fasziniert, weiß aber, dass sie sehr viel Training verlangen. Während ein Flugzeug nur durch seine Flächen Auftrieb erhält, liefern die Rotorblätter dem Hubschrauber die aufwärtsgerichteten Kräfte. Das verleiht ihm eine enorme Beweglichkeit. Zum Hubschrauberfliegen gehört schon sehr viel Übung und Koordination. Mal zu Übungszwecken einige Runden über Kanadas Wäldern zu drehen, genügt nicht. Der Pilot arbeitet nicht nur mit den Händen, sondern auch mit den Füßen. Mit ihnen verstellt er den Propeller, was Drehungen des Hubschraubers um seinen eigenen Rotormast und auch das Stehenbleiben in der Luft ermöglicht. Gerade diese beiden Manöver sind für Tweetys Einsatz in der Antarktis wichtig. Als vor zwei Jahren das Versorgungsschiff *Oriental Bluebird* gefrorenes Walfleisch von der *Nisshin Maru* übernahm, weil deren Laderaum schon zum Bersten voll war, wurde dieser Vorgang erstmals von unseren Kameras festgehalten. Mit dem Hubschrauber drehten wir stundenlang enge Kurven über den Schiffen und kamen so zu Bildern, welche die japanische Regierung in Erklärungsnot brachten. Mit seinen 425 PS, einer Höchstgeschwindigkeit von 250 km/h und einer erreichbaren Höhe von über 4.000 Metern ist Tweety für unsere Bedürfnisse ein ideales Fluggerät. Vier Leute passen hinein, der Pilot mit eingerechnet. Voll beladen hat Tweety immer noch eine Reichweite von dreieinhalb Stunden, sodass sich Distanzen von 400 Kilometern überwinden lassen. Sollte er ausfallen, wäre das ein herber Verlust.

Doch es erreichen uns auch gute Nachrichten: Unsere Kampagne macht bereits Schlagzeilen, obwohl wir noch so weit von unserem Einsatzgebiet entfernt sind. Trotz ihrer Nacht-und-Nebel-Aktion in der Meeresenge von Shimonoseki gelingt es der japanischen Regierung nicht, das Thema Walfang aus den Medien zu halten. Immer mehr Leute stellen die Fragen, die gestellt werden müssen. In Japan und auf der ganzen Welt. Dass viele Menschen immer noch wenig über Walfang wissen, kann ich ja gut verstehen. Es ist nun einmal ein Thema, über das man selten etwas in der Schule lernt. Als Geologin hatte ich auch schon vor meiner Zeit bei Greenpeace ein Bewusstsein über die Ausbeutung der Meere.

Die Geschichte des kommerziellen Walfangs ist ein typisches Beispiel dafür, wie sich die Zivilisation aus Unwissen auf

Kosten der Natur entwickeln konnte. Allein wie viele Produkte aus Walen hergestellt wurden, zeigt, dass die Tiere entscheidend zur Entwicklung der Industrie beigetragen haben. Unfreiwillig natürlich und auf Kosten der Population vieler Arten. Noch bis ins 20. Jahrhundert wurden aus dem Fett von Pottwalen Öle für Uhren und Getriebe produziert sowie Glycerin und Kosmetika, Medikamente und Lampenöl. Aus Walrat, einer viskosen Flüssigkeit, wurden Kerzen, Schmiermittel und Kosmetika hergestellt. Erst seit 1982 dient Jojobaöl aus den Samen und Nüssen der Simmondsia als Ersatz. Waltran wurde bis 1960 zur Herstellung von Margarine verwendet, und, ganz explosiv, zur Fertigung von Nitroglyzerin. Lebertran, Gelatine, Leim und – man will's nicht glauben – sogar Tennisschlägerbespannungen wurden aus den Innereien von Pottwalen erzeugt. Die Barten der Bartenwale dienten als Fischbein für Korsettstangen, als Schuhlöffel, als Zigarettenspitzen und zur Produktion von Augentropfen. Aus der Vorhaut dieser Kolosse wurde Leder hergestellt, und der Reeder-König Aristoteles Onassis brüstete sich damit, die Barhocker seiner Yacht *Christina O.* mit Leder aus Vorhäuten bespannt zu haben. Darauf saßen Winston Churchill, John F. Kennedy, Marilyn Monroe, Maria Callas und Grace Kelly und fanden es prima. Noch immer kann diese Yacht mitsamt ihrer Vorhauthocker gemietet werden – für die Wahnsinns-Summe von 315.000 Euro pro Woche. Damit könnte die *Esperanza* 45 Tage lang in der Antarktis unterwegs sein, also fast die Hälfte der gesamten Walsaison. Das nur als kleiner Hinweis für Charterwillige: Mit diesem Geld lässt sich Besseres anfangen.

Der Walfang ist zwar nicht so alt wie die Menschheit, doch wurden diese Tiere schon in der Steinzeit vor rund 7.000 Jahren gejagt. Im 12. Jahrhundert begannen die Basken mit einem Vorläufer des industriellen Walfangs: Ihre ausgefeilten Jagdmethoden auf Grindwale und Atlantische Nordkaper hatten bereits damals zur Folge, dass die Wale in ihrer Region ausstarben. Nachdem der niederländische Seemann Willem Barents 1596 auf der Suche nach der Nordostpassage nicht nur Spitzbergen entdeckte, sondern dort auch ein reiches Vorkommen an Grönlandwalen vorfand, schickten England und Holland einige Jahre später erste Fangschiffe auf ausgedehnte Jagdfahrten, die bis zu vier Jahren dauern konnten. Ihnen schlossen sich bald ganze Flotten aus Hamburg und Altona an. Ganz groß im Walfang waren einige Städte an der Elbe wie Glückstadt, Itzehoe, Brunsbüttel und Elmshorn. Selbst von den nordfriesischen Inseln, wie beispielsweise Föhr, wurden Walfänger Richtung Spitzbergen geschickt. Als 1650 die englischen Kolonisten in Nordamerika ebenfalls in den Walfang einstiegen, wurden Jahr für Jahr bis zu 10.000 Tiere getötet.

Anders als heute war das oft ein gefährliches Unterfangen. Wenn sich verwundete Wale zur Wehr setzten oder auch nur zu fliehen versuchten und mit ihren Fluken um sich schlugen, wurde so manche kleine Nussschale von damals zerschmettert. Blättert man in alten Logbüchern, kann man feststellen, dass dieser Kampf zwischen Mensch und Tier nicht immer zugunsten des Menschen ausging. Als der Walfänger *Boston* im 18. Jahrhundert von Cape Cod aufbrach, um Grauwale zu jagen, wurden zwei seiner Boote völlig zerstört, ein Drittel der Mannschaft schwer verletzt und kein einziger Wal gefangen.

Doch ab 1820 gerieten die Wale immer mehr ins Hintertreffen. In diesem Jahr experimentierten die Waljäger erstmals mit kleinen Geschützen, die fest im Bug der Walfangboote auf Drehbasen verankert waren. Allerdings konnten diese nur bei ruhiger See benutzt werden. Flexibler und effektiver war die „Greener gun“, ein 1837 von dem englischen Büchsenmacher William Greener entwickeltes Schultergewehr, dessen Munition, ein Sprengkopfzylinder, durch einen Zeitzünder im Wal detonierte. Mit seiner Reichweite von 20 Metern konnten die

Jäger nun einen größeren Sicherheitsabstand zum Wal halten. Die Kreativität bei der Entwicklung immer besserer Tötungsmaschinen kennt ja bekanntlich keine Grenzen, davon sind auch die Wale betroffen. 1861 wurde stolz die erste Raketenharpune präsentiert. Mit ihr konnte ein Harpunenkopf mit Leine, gekoppelt an eine Sprenggranate, in den Wal geschossen werden. Hing der Wal an mehreren dieser Harpunen, kam die Bombenlanze zum Einsatz, welche ein weiteres Sprenggeschoss in seinem Körper explodieren ließ.

In den Annalen der Waljagd ist vor allem das Jahr 1868 hervorzuheben. Der Deutsche Philipp Rechen hatte eine Harpunenkanone konstruiert, die nicht richtig funktionieren wollte. Daraufhin erwarb der Norweger Svend Foyn die Waffe und entwickelte sie weiter. Foyn hatte sich schon durch die Erfindung von Bremsbrettern einen Namen gemacht. Wurde ein Wal harpuniert und floh, zog er ein Boot meilenweit hinter sich her. Die Foyn'schen Bremsbretter verhinderten das. Sie wurden ausgeschwenkt, bremsten das Boot ab und erschöpften den getroffenen Wal. Außerdem arbeitete Foyn an einem Federsystem, das den heftigen Ruck des Wals kompensierte, der ein Boot zum Kentern bringen konnte. Das alles wurde unbedeutend, als Foyn die Harpunenkanone von Philipp Rechen in die Hand bekam. Er sorgte dafür, dass man sie nach oben und unten sowie nach beiden Seiten schwenken und vom Dampfer selbst abfeuern konnte. Das brachte den Walfängern gleich zwei entscheidende Vorteile: Zum einen konnten jetzt Wale gejagt werden, die zu schnell für Ruderboote waren. Dazu gehörten Blauwale, Finnwale, Bryde- und Buckelwale, Grau- und Minkewale. Zum anderen löste sich das Problem, dass viele Wale nach ihrem Tod direkt in die Tiefe sinken, was eine Bergung vom leichten Ruderboot aus unmöglich machte. Das schwere Schiff, von dem aus nun gejagt wurde und an das die tödlich verwundeten Tiere direkt verzurrt wurden, konnte dem Gewicht des sinkenden Wales problemlos standhalten. Und noch eine weitere Erfindung Foyns verhinderte das Absinken der Kadaver. Die Harpuniere stießen Speere mit Druckluft in die Körper der getroffenen Tiere und pumpten sie auf diese Weise auf. Das verschaffte den Jägern mehr Zeit und damit die Chance auf einen höheren Ertrag, denn anstatt die erlegten Wale direkt nach dem Fang an Bord hieven zu müssen, konnten sie die Tiere bedenkenlos auf dem Wasser treiben lassen und nach beendeter Jagd die gesamte Beute „einsammeln".

Von nun an gab es kein Limit mehr für das große Gemetzel. Allein mit der Harpunenkanone wurden bis heute mehr als 2,5 Millionen Wale getötet. An ihrem Prinzip hat sich nur wenig geändert. Anstatt mit Schwarzpulver wird sie jetzt mit dem wirksameren Sprengstoff Penthrit bestückt. Damit dringt das Geschoss tiefer in den Wal ein. Explodiert es im Körperinneren, bohren sich zusätzliche Widerhaken in sein Fleisch und vergrößern durch die Zugkräfte seine Wunden. Mit Penthrit wurden zwischen 1987 und 2002 von japanischen, isländischen und norwegischen Walfängern über 12.000 Großwale getötet, davon waren über 11.000 Minkewale, die kleinsten der Bartenwale. Auch die Einwohner der Färöer-Inseln betreiben Walfang in großem Stil. Auf dieser Inselgruppe im Nordatlantik übt man den Grindwalfang aus. Dabei werden die Tiere mit Booten in eine Bucht gedrängt. Ein stumpfer Fanghaken wird in ihr Blasrohr gerammt. Dann wird mit dem Grindmesser die Halsschlagader durchtrennt. Die Tiere verbluten. Zwischen 1987 und 2002 wurden auf den Färöern über 17.650 Grindwale getötet.

Die Population bei den Großwalen sieht trotz Moratorium noch immer schlecht aus: Von den 250.000 Blauwalen, die vor dem kommerziellen Walfang in den südlichen Meeren lebten, sind nach letzten Zählungen rund 1.000 übrig, von rund einer halben Million Finnwale gibt es noch knapp zehntausend.

Als Greenpeace 1975 zum ersten Mal Schlauchboote zwischen fliehende Wale und die Harpunen der Walfänger steuerte, nahm die Welt noch kaum Notiz von der Schlächterei auf den Ozeanen. Was daran lag, dass diese in weit entfernten Regionen unseres Planeten stattfand. Doch unsere Aktionen zeigten rasch Wirkung. Zwei Jahre später erhielt Greenpeace den offiziellen Beobachterstatus in der Internationalen Walfangkommission. Der war auch bitter nötig. Als wir in den 1980er-Jahren zum Boykott isländischer Fischereiprodukte aufriefen, um die isländische Politik zur Beendigung ihres illegalen Walfangs zu motivieren, unterstützten uns schon Hunderttausende von Menschen. Der Boykott zahlte sich aus: Island stellte bis 2007 seinen Walfang offiziell ein.

Im Januar 1989 kam es dann zur ersten Auseinandersetzung mit der japanischen Walfangflotte. 51 Minkewale konnte das Greenpeace-Schiff *Gondwana* damals vor den Harpunen retten. Ein halbes Jahr später zogen wir mit anderen Umweltschutzverbänden im Ostpazifik gegen die Ringwadenfischerei zu Felde. Bis zu zwei Kilometer lang und 200 Meter tief sind die dabei eingesetzten Riesennetze. Sie werden um Fischschwärme gelegt und wie ein Sack zugezogen. Durch unseren Protest konnten wir den Tod einiger Hunderttausend Delfine verhindern, die als unerwünschter Beifang in diesen Netzen verenden. Noch im selben Jahr ging's in der Antarktis zur Sache. Dieses Mal gelang es uns durch Schwimmer, die *Nisshin Maru* zu stoppen.

Auch auf den Lofoten waren wir im Einsatz, denn die norwegischen Walfänger hatten ihre illegale Jagd wieder aufgenommen. Obwohl die norwegische Regierung nicht lange fackelte und Kriegsschiffe gegen uns einsetzte, blieben wir erfolgreich. Drei Wochen lang fingen die Norweger nicht einen Wal. Aufgrund unserer Aktionen in der Antarktis und in norwegischen Gewässern gerieten die Verantwortlichen immer häufiger in Erklärungsnot. Das Internet sorgte dafür, dass Regierungslügen rasch in der Welt verbreitet wurden.

Die andere Seite der Medaille ist, dass wir nun immer häufiger die Wut der Verantwortlichen zu spüren bekommen. Als wir 1996 nahe der südnorwegischen Stadt Kristiansand das Auslaufen von vier Walfangschiffen behinderten, weil die Regierung klammheimlich die Abschussquote verdoppelt hatte, überfuhr die norwegische Küstenwache kurzerhand unsere Schlauchboote. Wenig später schossen die Walfänger auf uns. Egal – solange der illegale Walfang nicht eingestellt wird, sind wir zur Stelle. Mit oder ohne Tweety.

13. Dezember 2007

City of Sails

Ich stehe vorne am Bug des Schiffes und sehe zu, wie die Küste Neuseelands langsam aus dem Dunst auftaucht. Unter mir schäumt das Wasser, aber mir ist nicht danach, wie Leonardo DiCaprio in dem Film *Titanic* als Dritte-Klasse-Passagier Jack sein Erste-Klasse-Mädchen Rose im Arm zu halten und „Ich bin der König der Welt!" zu rufen. Eine Rückkehr nach Auckland ist für uns alle von Greenpeace mit der Erinnerung an den Sommer 1985 verbunden.

Auf der Südhalbkugel war es Winter und die Nacht des 10. Juli 1985 sternenklar und kalt. Zwei Froschmänner vom französischen Geheimdienst befestigten Haftminen an der Propellerwelle und der Außenwand des Maschinenraums der *Rainbow Warrior*. Sie stellten Zeitzünder ein, tauchten zurück zu ihrem Schlauchboot, versenkten ihre Kreislaufgeräte im Meer und verschwanden in der Nacht. An diesem Abend wurde in der Messe der *Rainbow Warrior* der Geburtstag von Steve Sawyer gefeiert, der die Kampagne gegen die französischen Atombombenversuche leitete. Rund 300 Atomexplosionen hatte der Südpazifik bis zu dieser Zeit schon erleiden müssen, darunter die oberirdische Explosion der amerikanischen Wasserstoffbombe „Bravo" im Jahr 1954, die tausendmal stärker war als die Hiroshima-Bombe. Auf Hunderten von Südseeinseln starben Menschen am radioaktiven Fallout. Wer überlebte, diente den Forschern als Versuchskaninchen. Frauen auf der Insel Rongelap brachten Quallenbabys zur Welt: Säuglinge ohne Knochen, durch deren durchsichtige Haut Gehirn und Herz zu sehen waren. Als 1985 die Insulaner von der *Rainbow*

Warrior umgesiedelt wurden, geriet Greenpeace ins Fadenkreuz der Atommächte. Frankreich beschloss, das Schiff ein für alle Mal zu erledigen.

Um 23:38 Uhr zündete die erste Bombe. Sie riss ein garagentorgroßes Loch in die Schiffswand. Wasser schoss herein, binnen Sekunden neigte sich das Schiff zur Seite. Kapitän Peter Willcox befahl die Räumung, der Schweizer Schiffsarzt Andy Biedermann konnte gerade noch die Schiffsköchin Margret Mills aus ihrer Kabine befreien. In diesem Augenblick detonierte die zweite Sprengladung. Das steigende Wasser versperrte dem portugiesischen Fotografen Fernando Pereira den Weg. Der zweifache Vater ertrank im Bauch des sinkenden Schiffes.

Zwar dementierte Paris, etwas mit dem Anschlag zu tun zu haben, aber diese Lüge ließ sich nicht lange aufrechterhalten. Präsident François Mitterand geriet immer tiefer in den Strudel der Affäre und klammerte sich verzweifelt an sein Amt. Doch am 22. September musste Premierminister Laurent Fabius gestehen: „Agenten unseres Geheimdienstes haben dieses Schiff versenkt. Sie handelten befehlsgemäß." Zwei dieser Agenten, Alain Mafart und Dominique Prieur, wurden in Neuseeland gefasst und dort zu zehn Jahren Gefängnis verurteilt. Diese Schmach wollte der Élysée-Palast nicht auf sich sitzen lassen. Kurzerhand drohte Paris, in der Europäischen Gemeinschaft per Veto die Einfuhr neuseeländischer Produkte zu blockieren. Der Erpressungsversuch klappte. Kurze Zeit später durften Mafart und Prieur nach Frankreich zurückkehren.

Ganz poetisch hatten die Franzosen ihren Terroranschlag „Operation Satanic" getauft, und sie schreckten nicht davor zurück, die Verantwortlichen mit Ruhm und Ehre zu überschütten. Mafart und Prieur wurden in Paris gefeiert, befördert und mit Verdienstorden dekoriert. Louis-Pierre Dillais, der Satanic-Einsatzleiter in Neuseeland, durfte persönlicher Berater des Verteidigungsministers werden. General Jean-Claude Lesquer, oberster Befehlsgeber beim Mordanschlag, wurde zum Großoffizier der Ehrenlegion ernannt.

Aus noch einem weiteren Grund will es mir nicht so recht gelingen, den Anblick Aucklands zu genießen. Kurz zuvor habe ich mit meinen Brüdern telefoniert und die Diagnose erfahren, die meine Mutter im Krankenhaus erhalten hat: eine Art Blutkrebs. Ich bin froh, als sich Bent zu mir gesellt. Ich glaube, er hat mir angesehen, dass ich nicht fröhlich gestimmt bin. Es gelingt ihm, mich auf andere Gedanken zu bringen, wofür ich dankbar bin.

„Na, wie sieht es heute Abend mit einem schönen Landgang aus?"

„Darauf warte ich seit einer halben Ewigkeit.", entgegne ich. „Wir sind schließlich seit 45 Tagen auf See."

„Kannst du noch geradeaus laufen?", fragt er mich.

Nach so langer Zeit auf dem Wasser hat sich der menschliche Gleichgewichtssinn den Schaukelbewegungen des Schiffs angepasst. Da fällt es einigen schwer, festen Boden als festen Boden zu empfinden, sobald sie zurück an Land sind. Zum Glück werde ich nicht seekrank und zum Glück schwankt nach einer Schiffsreise auch nicht der feste Boden.

„Nee, ich kann geradeaus gehen. Nur in den ersten Nächten kann es passieren, dass ich aufwache und das Bett schaukelt. Das ist allerdings unangenehm! Dann muss ich aufstehen, damit es vorbeigeht."

Bent scheint mit so etwas gar keine Probleme zu haben.

Wir alle erwarten, nur wenige Tage in Auckland zu sein, nicht wissend, dass sich unser Aufenthalt von Tag zu Tag verlängern soll. Grund dafür ist der flügellahme Tweety. Auch im Zeitalter des Globalismus scheint es nicht möglich zu sein, jedes Produkt an jeden Ort der Welt zu bringen. Die Sachen, die man nicht braucht, gibt es an jeder Ecke – aber nicht die Ersatzteile für unseren kleinen Helikopter.

Auckland ist ein Ort, an dem man es auch ein paar Tage länger aushalten kann. 1,3 Millionen Einwohner leben wunderschön eingebettet zwischen 50 inaktiven Vulkanen und zahllosen Meeresbuchten. Weitläufige Parkanlagen wechseln mit fröhlichen Multikulti-Vierteln ab. Einige Schritte weiter ragen Hochhäuser in den Himmel und Leute mit Aktentaschen rennen so gehetzt durch die Gegend wie in allen Großstädten der Welt. Natürlich gefällt es mir im Hafen am besten. Dort sehe ich den unzähligen Segelbooten zu, denen Auckland den Namen „City of Sails“ verdankt. Trotzdem: So schön es hier ist, ich bin unruhig und mache mir Sorgen. Zum einen bin ich oft in Gedanken zu Hause, bei meiner Familie, meiner kranken Mutter, und wage kaum die Frage zu stellen, ob ich nach Deutschland zurückkehren sollte. Zum anderen ist da draußen die japanische Fangflotte. Zu viel geht mir im Kopf herum, als dass ich mich unbeschwert den Vorzügen dieser neuseeländischen „Segel-Stadt“ hingeben könnte.

Auch sorgen die jüngsten Nachrichten aus Japan keineswegs dafür, dass wir uns entspannt zurücklehnen können. Offenbar gibt es Pläne, die unglückselige *Nisshin Maru* zu ersetzen. Mit der Erhöhung der Fangquote vor zwei Jahren kam das Problem auf, dass das 20 Jahre alte Fabrikschiff nur ein Drittel des zusätzlich anfallenden Walfleisches aufnehmen kann. Also muss ein neues Schiff her, um die angepeilten 6.000 Tonnen Fleisch zu bunkern. Ohnehin ist die *Nisshin Maru* nicht dafür ausgestattet, Buckel- und Finnwale in einem Arbeitsgang zu zerlegen. Diese Großwale müssen schon im Wasser grob zerstückelt werden, damit sie an Bord gehievt werden können. Das kostet Zeit, und Zeit ist Geld. 120 Millionen US-Dollar will man für das neue Schiff ausgeben – und da die Investoren alle abgesprungen sind, müsste der japanische Steuerzahler dafür aufkommen. Das wollen wir natürlich nicht hinnehmen. Wir sind der Meinung, dass die japanische Bevölkerung wissen sollte, wie ihr Geld in Zeiten knapper Kassen ausgegeben wird.

Außerdem muss das neue Schiff erst noch gebaut werden. Daher schreiben wir alle großen Werften Japans an und bitten um Stellungnahme. Tag für Tag kommen die Dementis rein: Alle behaupten, dass sie keinen Auftrag haben und von nichts wissen. Die Schlagzeile, am Bau eines schwimmenden Schlachthauses für Wale beteiligt zu sein, wäre keine gute PR für diese Firmen. Mittlerweile haben alle Werftunternehmen geantwortet, nur Mitsubishis Antwort steht noch aus. Diese Firma kennen wir in Europa vor allem aus dem Autobau, doch hinter der Marke stehen über zweihundert weitere Unternehmen, Stiftungen und Banken. 1870 von Iwasaki Yataro gegründet, war Mitsubishi ursprünglich ein reines Schifffahrtsunternehmen. Noch heute tummelt man sich in diesem Bereich. Mitsubishi baut Großschiffe, Ölplattformen und könnte auch ein Fabrikschiff bauen.

Bevor wir am ersten Abend die *Esperanza* zu einem ausgiebigen Landgang verlassen, sitze ich allein auf dem obersten Deck und warte, bis sich die anderen fertig gemacht haben. Vor einer halben Stunde habe ich ein weiteres Mal mit einem meiner Brüder telefoniert und ihn gefragt, ob ich nach Hause kommen soll. Mit meiner Grübelei bin ich heute Abend bestimmt nicht die beste Gesellschafterin, aber ich will mich nicht auf dem Schiff verkriechen und hoffe, dass ich auf andere Gedanken komme.

Die Esperanza ist kurz nach dem Anlegen zu einem Bienenstock geworden: Sobald Zoll und Einreisebehörde das Schiff freigegeben hatten, fanden sich die ersten Besucher ein. Greenpeacer, Freunde und neue Besatzungsmitglieder, die hier noch einmal die Chance haben, an Bord zu steigen. Entsprechend verlassen uns auch einige wieder. Die kommenden Tage sind voller Arbeit. Das Schiff wird noch einmal mit viel Proviant versorgt, der sorgfältig im Schiffsinneren verstaut werden will.

Ich telefoniere nun täglich mit meinen Brüdern und möchte eine Klärung herbeiführen. Wir sind unsicher, da die Ärzte keine Prognose über den Zustand unserer Mutter abgeben wollen. Und so ruft mich eines Abends mein Bruder an und sagt: „Mutti hat ein Machtwort gesprochen! Sie sagte, du sollst auf keinen Fall deine Reise abbrechen. Sie meinte noch: Wenn ihr euch noch mal seht, ist es gut, und wenn nicht, dann ist es auch gut! Sie ist so stolz auf dich!“

Damit steht es nun fest: Ich werde meine Reise fortsetzen.

Die Tage in Auckland sind nicht wirklich unbeschwert, obwohl mir das Land auch guttut. Noch am Wochenende mache ich mich auf den Weg nach Waiheke Island, einer Auckland vorgelagerten Insel. Ein kleiner paradiesischer Traum, auf dem sich einige Greenpeacer niedergelassen haben. So genieße ich die Gastfreundschaft von Rhien, einem Holländer, der vor Jahren ein paar Monate bei uns in Hamburg gearbeitet hat und bereits vor 25 Jahren hierher ausgewandert ist. Nun kann ich endlich die Einladung von damals annehmen und zwei Tage in seinem Haus oberhalb einer Bucht verbringen. Nach sechs Wochen einmal weg vom Schiff, einmal etwas ganz anderes sehen, den Kopf für einige wenige Stunden ausschalten und wieder in eine Welt an Land abtauchen! Auch Bent nutzt die Gunst der Stunde und ist mit dabei. So sitzen wir zu dritt auf dem Balkon, erfahren von dem einfachen und glücklichen Leben, das Rhien auf Waiheke führt, und erzählen uns zur Abwechslung von Dingen, die nichts mit Schiffen und Walfang zu tun haben.

Doch die Zeit der kleinen Fluchten ist schnell vorbei, wir müssen zurück auf die *Esperanza*. Dort ereilen uns schlechte Nachrichten, welche die Stimmung an Bord erst einmal so trüb wie Hamburger Schmuddelwetter werden lassen: Tweety kann nicht rechtzeitig repariert werden. Ein fehlendes Ersatzteil müsste aus Kanada kommen, und wegen der bevorstehenden Weihnachtsfeiertage sei es unmöglich, das Teil schnell genug zu schicken und auch noch einzubauen. Die Diskussionen und Aufregung an Bord sind mindestens so groß wie Frust und Verärgerung. Und so verabschieden wir in Auckland auch Hughie und Chris. Denn ohne Tweety sind die beiden an Bord arbeitslos.

In Auckland steigt noch eine dreiköpfige Filmcrew aus Deutschland an Bord. Sie wollen einen Dokumentarfilm darüber drehen, was in der Abgeschiedenheit der Antarktis mit den Walen geschieht und warum Menschen solche Reisen und Risiken auf sich nehmen, um ein Stück Natur zu schützen. Nach kurzen Gesprächen wissen wir: Das Filmteam war noch nie auf einem Schiff. Ich schwanke zwischen Mitleid und Bewunderung, denn ich weiß, was sie erwartet und unter welchen Bedingungen sie werden arbeiten müssen.

19. Dezember 2007

Auf Hundswache

Wind 2, See 1,5 Meter, Luft 23 °C, Wasser 18 °C – mit diesen Daten verabschiedet sich Auckland von uns. Und mit vielen winkenden Menschen an der Pier. Es sind Greenpeace-Leute, aber auch Neuseeländer, die uns ihre Unterstützung zeigen wollen. Eine gute Nachricht erreicht uns noch kurz vor dem Ablegen. Die australische Regierung schickt ebenfalls ein Schiff los, um die Fangflotte zu beobachten. Das grenzt an eine kleine Sensation, denn bisher hat noch keine Regierung wegen des Walfangs ein Schiff in die Antarktis geschickt. Das könnte vielleicht ein weiterer Schritt auf dem langen Weg zum Walfang-Stopp im Südpolarmeer sein. Wobei die Motive der Australier auch wirtschaftlicher Art sind, denn mittlerweile verdient man hier viel Geld mit Whale Watching. Vor allem die Beobachtung von Buckelwalen ist beliebt. Und weil die Japaner in diesem Jahr neben 50 Finnwalen auch 50 Buckelwale mit auf die Abschussliste gesetzt haben, ist man in Australien alarmiert. Das Zoll- und Fischereiüberwachungsschiff *Oceanic Viking* soll in wenigen Tagen auslaufen.

Ich selbst habe mich immer wieder darüber gewundert, wie sehr sich die australische Regierung lange Zeit vor ihrer Verantwortung drückte. Schließlich ist Australien von allem, was auf den Meeren passiert, direkt betroffen. Mit 36.000 Kilometern hat das Land eine der längsten Küstenlinien der Welt. 80 Prozent der Bevölkerung leben in unmittelbarer Nähe des Meeres. Nicht umsonst sagt man in Australien “We have sand in our souls”, und das nicht nur, weil die vielen Strände zu den schönsten der Welt zählen. Leben am Meer ist in Australien Teil des

Alltags – und das seit ewigen Zeiten. Bei uns werden die Ureinwohner des Kontinents, die Aborigines, noch immer mit einem Lebensraum im Landesinneren in Verbindung gebracht. Als sie vor 50.000 Jahren während der letzten Eiszeit über eine Landbrücke von Neuguinea auf den Kontinent kamen, gehörte aber die Nordküste zu ihren ersten Siedlungsflächen. Als das Wasser wieder stieg und eine Rückkehr unmöglich machte, zogen verschiedene Stämme ins Landesinnere. Andere blieben in der Nähe der Küste.

Diese Küste gehört heute zu den bedrohtesten der Welt. Der Klimawandel ist in Australien besonders zu spüren. Allein die UV-Strahlung ist mittlerweile so hoch, dass man ohne Sonnenschutz mit Lichtschutzfaktor 50+ nicht mehr aus dem Haus geht. Vielleicht fordern auch deshalb 80 Prozent aller Australier von ihrer Regierung ein engagierteres Eintreten für den Umweltschutz. Was den Kampf gegen den Walfang betrifft, ist Australien aber auch jetzt schon ein starker Partner. Ebenso zählt Neuseeland zu unseren Mitstreitern, die mit friedlichen Mitteln helfen, die Wale zu retten. Von dort will sich dieser Tage ein Einhandsegler mit seinem Boot Richtung Antarktis auf den Weg machen. Ein Flugzeug soll aus der Luft die Bestände der Minkewale untersuchen. Das sind prima Neuigkeiten! Da der Dieb in der Nacht bekanntlich lieber allein ist, freue ich mich über den zahlreichen Besuch, den die japanische Fangflotte dieses Jahr erhalten soll.

Nun heißt es, sich erneut an Bord einzuleben. Ich bin wieder zum Wachdienst eingeteilt. Als Wachgängerin bin ich dem Steuermann unterstellt. Bei schlechtem Wetter muss ich auf der Brücke mit Ausguck halten, und einmal in der Stunde drehe ich eine Feuerrunde durchs Schiff und schaue nach, ob alles in Ordnung ist. Vor allem muss man darauf achten, dass alles gut verstaut ist und sich nicht irgendwo ein Feuer entwickeln kann. Zum Ende der Wache wecke ich meine Ablösung, und weil ich weiß, wie schwer es ist, um diese Zeit in die Gänge zu kommen, koche ich meinem Kollegen meistens einen Kaffee mit viel aufgeschäumter Milch.

Auf der *Esperanza* gehen wir in drei Schichten Wache. Ich bin von Mitternacht bis vier Uhr morgens eingeteilt. Diese Schicht nennt man Hundswache. Sie ist unbeliebt, weil es zu dieser Zeit besonders schwer ist, wach zu bleiben. Der Name bezieht sich darauf, dass zu dieser Zeit an Land nur noch der Hund Haus und Hof bewacht. Ich persönlich gehe gerne die Hundswache. Zum einen gefällt mir diese Zeit zwischen dem Heute und dem Morgen, zum anderen habe ich dadurch den Rhythmus der Zeit von zu Hause. Es ist still an Bord und die Zeit schleicht müde durchs Stundenglas; zumindest war das früher so, als es noch Glasenuhren auf Schiffen gab.

Damals wurden zur Zeitmessung Kerzen eingesetzt. Die hatten eine Brenndauer von vier Stunden und standen zum Schutz vor Wind und aufgrund der Feuergefahr in hohen Gläsern. In die Kerzen waren in regelmäßigen Abständen Kugeln gepresst, immer acht an der Zahl. Brannte die Kerze ab und kam eine Kugel in den Schmelzbereich, fiel sie laut hörbar ins Glas. Das nannte man „glasen“, und so glaste es in schöner Regelmäßigkeit alle halbe Stunde. Nach der achten Kugel, also nach vier Stunden, war es Zeit für den Wachwechsel. Der nächste Wachgänger zündete eine neue Kerze an und das Glasen ging von vorne los. Auf manchen Schiffen wurden auch Sanduhren verwendet. Die konnten nicht glasen, deshalb schlug der Wachhabende bei jedem halbstündlichen Umdrehen der Sanduhr die Schiffsglocke an. Zur halben Stunde immer einmal, zur vollen Stunde gab's den Doppelgong.

Unser Kurs führt uns an der Südküste Neuseelands entlang, der Hafenstadt Bluff zu. Sie ist die südlichste Ortschaft der Südinsel und hat immerhin noch 1.900 Einwohner. Wir wollen den natürlich geschützten Hafen nutzen, um noch einmal aufzutanken. Leider können wir nicht wie die *Nisshin Maru* auf ein Versorgungsschiff auf See zurückgreifen. Diesen Nachteil müssen wir durch eine ausgefeilte Logistik wettmachen. Dabei kommt uns die Lage Bluffs zugute: Es bietet uns die letzte Möglichkeit vor der Antarktis, unseren Tank zu füllen. Darüber hinaus nehmen wir hier unseren neuen Zweiten Steuermann im Empfang. Cat musste das Schiff kurzfristig verlassen, und ihr Ersatz steigt erst in Bluff zu uns an Bord. Ich freue mich, denn ich kenne Texas-Joe. Wir sind schon vor zwei Jahren zusammen auf der *Arctic Sunrise* ins Südpolarmeer gefahren.

Es gibt noch einen weiteren Neuankömmling, über den sich alle freuen: einen Weihnachtsbaum! Bevor wir ablegen, haben wir auch ein letztes Mal frisches Obst und Gemüse eingekauft. Selbst hier, in diesem kleinen Hafen am Ende der Welt, finden sich noch einige Freunde ein, die uns mit gedrückten Daumen alles Gute wünschen. So winken wir zum Abschied und essen dabei süße, dicke Knubberkirschen.

Kapitel 5

Antarktis, wir kommen

21. Dezember 2007

Minusgrade

„Wie unterscheiden sich eigentlich Arktis und Antarktis?", werde ich häufig gefragt. „In der Arktis gibt es Eisbären, in der Antarktis nicht" ist keine ausreichende Antwort. Die Arktis ist kein Kontinent, sondern ein Meer, das Nordpolarmeer. Es ist bis zu 5.500 Meter tief und mit einer mächtigen Eisschicht bedeckt. Sie ist rund eine Million Jahre alt und entstand im Pleistozän, als es so kalt war, dass sich derart große Eisflächen bilden konnten. Die durchschnittliche Temperatur ist in der Arktis höher als in der Antarktis und die jahreszeitlichen Schwankungen der Eisausdehnung sind geringer. Wer also am Nordpol steht, hat unter sich nur Packeis, das auf dem Wasser schwimmt. Im Sommer genießt man Temperaturen um den Gefrierpunkt, im Winter sinken sie bis auf –30 °C.

Wer dagegen dem Südpol einen Besuch abstattet, setzt seine Füße aufs Festland. Die Antarktis ist neben Europa, Amerika, Afrika, Australien und Asien der sechste Kontinent. Umgeben ist er vom Südlichen Ozean, dem kältesten Meer unseres Planeten. Die Vereisung der Antarktis ist wesentlich älter als die der Arktis. Sie begann vor 15 Millionen Jahren. Hier, im tiefsten Süden, ist es sehr viel kälter als im äußersten Norden, so um die –60 °C im Winter, und die Eisausdehnung der Antarktis unterliegt starken jahreszeitlichen Schwankungen. Im Winter erstreckt sich die Eisfläche auf rund 20 Millionen Quadratkilometer, im Sommer sind es nur rund vier Millionen. Riesige Eisberge treiben dann im Wasser, und so muss jeder, der sich in diese Gewässer begibt, Ausguck nach ihnen halten.

Aber noch sind wir nicht da. Das Wasser hat derzeit 15 °C. Seine Temperatur wird, bis wir das Südpolarmeer erreichen, noch um 16 °C abnehmen. Salzwasser hat einen niedrigeren Gefrierpunkt als Süßwasser, deswegen kann es in den Polregionen Minusgrade haben. Mit 13 Knoten läuft die *Esperanza* Richtung Süden, und noch ist es warm genug, dass ich an Deck stehen kann. Inzwischen werden wir auch wieder begleitet von verschiedenen Seevögeln. Sturmvögel und Albatrosse sind jetzt Tag und Nacht zu sehen. Es scheint, als ob sie zum Fliegen geboren seien. Stunde um Stunde umkreisen sie unser Schiff, lassen sich leicht emportragen, um ins nächste Wellental hinunter zu beschleunigen, kaum eine Flügelbewegung ist zu sehen, die perfekten Segelflieger! Ich bin überzeugt, sie sind leidenschaftliche Flieger. Sie tun es aus Freude. Sie üben. So sieht es für mich aus. Oft sehe ich zwei hintereinander herfliegen, im perfekten Synchronflug. Der eine macht etwas vor, der andere macht es unmittelbar nach. Ich meine zu erkennen, dass der vordere Vogel ein kleines bisschen besser fliegt. Vielleicht ein Altvogel, der dem jüngeren das Fliegen beibringt. Ich lehne mich auf die Reling und beobachte die Tiere bei ihrem Treiben über dem Meer. Die Sonne geht immer später unter und früher wieder auf – ein untrügliches Zeichen, dass wir auf südlichem Kurs laufen.

Seit Kurzem habe ich Wache zusammen mit Texas. Manchmal, wenn wir auf der Brücke stehen, sehen wir die Albatrosse sogar nach Mitternacht noch. Sie verlassen unser Schiff auch nachts nicht. Sie können während des Fluges schlafen. Na ja, es ist wohl eine Art Halbschlaf, bei der sich eine Gehirnhälfte ausruht. So können sie ewig in der Luft bleiben und stürzen nur zur Nahrungsaufnahme ins Wasser. Die ersten vier Jahre ihres Lebens verbringen Albatrosse auf dem Meer, bevor sie dorthin zurückkehren, wo sie selber geschlüpft sind. Hin und wieder sitzen Texas und ich nur stumm nebeneinander, denn wir haben schon viele Stunden gemeinsam auf See verbracht. Vor zwei Jahren waren wir beide auf der *Arctic Sunrise* und haben Aktionen gegen die Fangflotte gefahren. Nun sind wir ihr wieder auf der Spur, und wir wissen, was uns erwarten kann.

Wenn eine Granate keine 30 Meter entfernt mit einem trockenen, dumpfen Knall in einem Wal explodiert, spürt man selber noch die Vibration der Explosion im eigenen Leib! Die lebendigen Bilder der Wale, die nicht gleich tot sind, rücken in den ruhigen Stunden auf Wache immer wieder vor mein inneres Auge. Und auch jetzt, wo wir die Fangflotte noch nicht einmal gefunden haben, kommen die Erinnerungen hervor und legen einen trüben Schleier über meine Seele. Denn genau jetzt geschieht, was wir vor zwei Jahren bereits mitangesehen haben. Die Bilder lassen mich nicht los. Der Tod der Wale in dieser atemberaubend schönen Region, das klare Wasser, die Eisberge, der Sonnenschein, ein Paradies in einem vergessenen Zentrum der Welt! Eine Kulisse kann kaum friedlicher sein, bis das helle Blut das klare Wasser um das sterbende Tier in ein leuchtendes Rot verwandelt.

Das Wasser der Antarktis ist oft mehr als –1 °C kalt. Manche Leute glauben, dass der Gefrierpunkt von Wasser immer bei 0 °C liegt. Tatsächlich ist das die Temperatur, bei der Eis schmilzt. Das Gefrieren verhält sich aus thermodynamischen Gründen anders. Obwohl ich in der Schule nicht gerade begeistert dem Chemieunterricht gefolgt bin, habe ich immer viel Interesse entwickelt, wenn es ums Wasser ging. Deshalb habe ich im Grundstudium als Nebenfach auch Ozeanografie belegt. Dieses Element ist einfach faszinierend, und es heißt nicht umsonst „Wasser ist Leben“.

Weil es so besondere Eigenschaften hat, ist es möglich, Wasser in destillierter Form in kleinsten Mengen bei –38 °C noch immer flüssig zu halten. So kalt sind die Gewässer der Antarktis zwar nicht, aber schon 4 °C kaltes Wasser reicht aus, einen Menschen in kürzester Zeit zu töten. „Kälteschockreaktion" nennen das die Mediziner. Die beginnt schon bei Wassertemperaturen ab 15 °C. Schnelles, ungeordnetes Atmen und Orientierungslosigkeit sind die Folgen. Dann sinkt die Fähigkeit, den Atem anzuhalten, und zwar proportional zur Wassertemperatur. Gleichzeitig setzt die Unterkühlung ein, weil der menschliche Körper im Wasser dreißigmal schneller Wärme verliert als an der Luft. Die Körperkerntemperatur von 37 °C sinkt schnell. Der Herzschlag wird langsamer, der Herzmuskel gerät aus dem Takt. Immer weniger Sauerstoff erreicht das Körpergewebe. Das Blut verdickt sich. Hustenreflex kommt auf und damit die Gefahr, dass Wasser in die Lunge gerät. Nach einer Studie der United States Search and Rescue Task Force liegt die geschätzte Überlebenszeit bei 10 bis 16 °C zwischen einer und zwei Stunden, bei 4 bis 10 °C zwischen 30 und 60 Minuten, bei 0 bis 4 °C zwischen 15 und 30 Minuten und keine 15 Minuten bei 0 °C. Diese Zeit ist von vielen Faktoren wie Fitness oder Ausrüstung abhängig. Ein guter Überlebensanzug beispielsweise kann die Zeit bei 0 °C durchaus auf einige Stunden erhöhen. Daher geht niemand ins Schlauchboot, der nicht einen unserer Überlebensanzüge anhat.

In der letzten Jagdsaison hatte sich ein Harpunenseil an einem Schlauchboot festgehakt, das Texas fuhr. Obwohl er sich und seine Crew zwischen einen Wal und eines der Fangschiffe manövriert hatte, zögerte der Harpunier nicht abzufeuern. Die Granatenharpune raste Zentimeter an der Bootsbesatzung vorbei und detonierte in dem Wal. Als die Leine durchgeholt wurde, riss sie Texas aus dem Boot. Es dauerte ungefähr zehn Minuten, bis wir ihn aus dem eisigen Wasser fischen konnten. Der beste Anzug nützt allerdings deutlich weniger, wenn er nicht korrekt geschlossen wird. Als wir Texas an Bord brachten, sahen wir, dass der Reißverschluss seines Anzugs ein Stückchen offen stand. Wasser war hineingelaufen. Aber zum Glück war das Bad im eisigen Meer so kurz, das Texas nur fürchterlich kalte Hände hatte und von einer Unterkühlung noch nicht die Rede sein konnte. Zum Glück, denn die Bergung von unterkühlten Personen ist immer schwierig. Wird die Person zu stark bewegt, kann kaltes Blut aus den Extremitäten zum Herz gelangen und dort einen Stillstand auslösen. Trotz des glimpflichen Ausgangs wussten wir nach dieser Aktion, dass die Japaner vor immer weniger zurückschrecken würden, um ihre Abschussquote zu erreichen.

Als Texas dieses Jahr in Bluff an Bord kam, fragte ich ihn, was seine Familie von all dem halte. Ob sie einverstanden sei, dass er schon wieder sein Leben für Wale riskiere. Er gestand, dass die Entscheidung nicht leicht war. Aber sie akzeptierte seinen Wunsch, den hilflosen Riesen beizustehen.

“If we can secure their safety, we won’t have to return next year”, sagte er und drückte damit aus, was wir alle empfinden. Wenn es uns gelingt, dass die japanische Regierung den Walfang in der Antarktis aufgibt, müssen wir nächstes Jahr nicht wiederkommen.

“And then”, sagte Texas, “may they swim in peace.”

Ein schöner Wunsch, fand ich, der gut zu den beginnenden Vorbereitungen der Weihnachtsfeier auf der *Esperanza* passte. Damit beschäftigen sich zurzeit fast alle auf dem Schiff. Natürlich erlauben es die beengten Bedingungen an Bord nicht, dass wir uns groß beschenken. Aber ein kleines persönliches Präsent kann jeder finden, mitbringen oder anfertigen. So ist es bei uns Tradition, Weihnachten Julklapp zu feiern. Das Julfest war ein nordgermanisches Fest des Winters, das um die Weihnachtszeit gefeiert wurde. In skandinavischen Sprachen heißt Weihnachten *Jul,* im Englischen gibt es noch immer den Begriff *yule* und das Wort *yuletide* für die Weihnachtszeit. Die

Menschen wünschen sich also nicht „Frohe Weihnachten", sondern „God Jul". Dann wird gegessen und alle holen die Julklapp-Päckchen aus den Verstecken. Diese Geschenke sind in viele Hüllen gepackt, das ist wichtig. Ich erinnere mich daran, wie mein Bruder vor Jahren einmal zu einem Julklapp eine Kiste Bier bekam, die traditionsgemäß in unzähligen Lagen Karton und Papier und am Ende in Bauschaum verpackt war. Auf der *Esperanza* verzichten wir natürlich auf Verpackungsorgien. Nicht aber auf das Beschenken zu Weihnachten. Jeder zieht einen Zettel mit einem Namen darauf. Das macht den Julklapp noch spannender, weil selbst während der Übergabe der Päckchen nicht verraten wird, von wem sie stammen.

So entwickelt sich die Tage vor Heiligabend heimliches Treiben an Bord: Viele sind damit beschäftigt, ihre Geschenke fertigzustellen, und müssen aufpassen, dass der von ihnen Beschenkte nicht gerade um die Ecke kommt, um vielleicht selber eine Kleinigkeit in der Werkstatt zu basteln. Als Verpackung sind besonders die alten Seekarten begehrt. Am besten ist es, wenn man eine Karte ergattert, auf der die Position, in der wir uns an Weihnachten befinden werden, abgebildet ist. Aber der Fantasie sind keine Grenzen gesetzt. Auch Handtücher, T-Shirts und alte Zeitungen finden Verwendung.

Texas und ich hängen mal wieder in Gedanken der Vergangenheit nach, als wir zurück in die Realität geholt werden. Der Grund sind weder Walfänger noch das bevorstehende Weihnachtsfest. Es ist Karli, die auf die Brücke kommt und mit froher Mine erklärt: „Offizielle Nachricht von Mitsubishi. Sie bauen kein neues Fabrikschiff!"

Manchmal packen mich ja Zweifel, ob es denn Sinn ergibt, was wir tun. In Momenten wie diesen weiß ich: Ja, es ergibt einen Sinn. Ohne öffentlichen Druck geht es eben nicht, und diese Nachricht ist wirklich eine gute Nachricht. Karli reicht mir ein Papier. Es ist der ausgedruckte Leserbrief eines alten Mannes aus der Zeitung *Yomiuri Shimbun*. Darin ruft er seine Regierung auf, den Walfang einzustellen. Auch dieser Leserbrief ist eine kleine Sensation. Noch vor kurzem hätte ihn keine japanische Tageszeitung abgedruckt. Nun steht er in der *Yomiuri Shimbun*, der Zeitung mit 26 Millionen Lesern. Ich habe das Gefühl, dass einiges in Bewegung gerät.

22. Dezember 2007

Ein verfrühtes Weihnachtsgeschenk

Eine Geschichte, die mir immer gefallen hat, ist die von Galileo Galilei. Galilei, geboren 1564 in Pisa, war Physiker, Astronom, Mathematiker, doch mir war die Kunst des Rechnens lange Zeit verborgen geblieben. Wegen dieses Fachs flog ich vom Gymnasium und auch in der Realschule schaffte ich gerade mal eine 5. Später, auf dem Hansa-Kolleg, wo ich mein Abitur nachmachte, hatte ich einen tollen Lehrer, der mir zeigte, dass Mathematik keine Zauberei ist.

Auf meinen Expeditionen zu Land, zu Wasser und auch unter Wasser wurde mir dann schnell klar, welche Bedeutung Galilei für die Menschheit hatte. Wer kann schon von sich behaupten, im zarten Alter von 18 Jahren ein physikalisches Gesetz wie das für die Schwingung des Pendels entdeckt zu haben? Ich jedenfalls nicht. Auch habe ich mit 21 Jahren keine hydrostatische Waage erfunden oder das Thermoskop, einen Vorläufer des Thermometers. 1609 baute Galilei ein Teleskop, stellte Mondbeobachtungen an und erkannte, dass die Milchstraße aus unzähligen Sternen besteht. Dieses Wissen behielt er nicht für sich. Er veröffentlichte den *Sidereus nuncius*, zu deutsch den „Sternenboten". Das gefiel den gelehrten Herren im Vatikan gar nicht. Denn ein zentraler Bestandteil im Weltbild der Kirche bestand darin, dass die Erde der Mittelpunkt des Universums sei – fest zentriert und unverrückbar, woraus sich natürlich viele Rechte ableiten ließen. Da war es unerhört und einem Angriff gegen die Macht der Kirche gleichzusetzen, als Galilei behauptete, dass die Erde keinesfalls eine Sonderstellung unter den Planeten einnehme, nicht stillstehe und sich nicht alles nur um sie drehe. Schlimmer noch, die Erde kreise um die Sonne und Kopernikus, der bedeutendste Astronom des Abendlandes, habe mit seinen Theorien Recht gehabt. „Hat er nicht!", wütete die Kirche und zwang Galilei zum Widerruf. Mit oder ohne Folter, darüber streiten sich die Gelehrten. Schon Jahre vorher hatte bereits Giordano Bruno die These des Kopernikus weiterentwickelt. Das Weltall hat er als unendlich angenommen und die Sonne als einen von vielen Sternen. Er hat selbst unter Folter nicht widerrufen und ist wegen der Verteidigung seiner Erkenntnisse durch die Inquisition verbrannt worden. Galilei dagegen fügte sich den Drohungen und widerrief. Ob er die an ihm verübte Demütigung tatsächlich mit den berühmten Worten „Und sie dreht sich doch!" beantwortete, bleibt ein Geheimnis der Vergangenheit. Sicher ist aber, dass es Galilei besser erging als Giordano Bruno. Er wurde nur zu lebenslangem Hausarrest verurteilt. 350 Jahre später, 1992, rang sich Rom eine Entschuldigung ab. Papst Johannes Paul II. räumte ein, dass Galileo Galilei von der Kirche ungerecht behandelt worden sei.

Die Geschichte des Physikers ist ein exemplarisches Beispiel dafür, wie man jemanden zum Schweigen bringt. Aber anders als zu Zeiten Galileis ist es heute dank der Mediengesellschaft nicht mehr so einfach, jemanden mundtot zu machen. Das Land der aufgehenden Sonne ist eine Multimediaweltmacht par excellence. Nirgendwo auf der Erde ist das Internet allgegenwärtiger, in allen Bevölkerungsschichten, durch alle Altersstufen. Zwei Drittel der 127 Millionen Japaner sind online. Selbst bei den über 60-Jährigen sind es noch immer rund 55 Prozent – in Deutschland surft in dieser Altersgruppe nur jeder Dritte. Auch was die Fusion von Fernsehen und Internet angeht, ist man in Japan viel weiter. Triple-Play-Dienste bieten bereits die Vollvernetzung von Telefon, Breitbandinternet und

Fernsehen im Paket an, bei Wunsch auch aufs Handy. Welches im Leben der Japaner eine entscheidende Rolle spielt, bis in die intimsten Bereiche. Weil die Geburtenrate auf ein Rekordtief gesunken ist und jede Frau statistisch gesehen nur noch 1,25 Kinder auf die Welt bringt, errechnen japanische Mobilfunkanbieter den Menstruationszyklus ihrer Kundinnen und erinnern per SMS an den wichtigsten Termin im Monat.

Dennoch ist es uns erst in den letzten drei Jahren gelungen, mit unserer Berichterstattung flächendeckend in Japan durchzudringen. Wer heute die Welt erreichen will, ob in Japan oder anderswo, muss wissen, wie man die Medien erreicht. Denn mit ihnen kann eine Botschaft auch bis in den letzten Winkel der Welt gelangen. Seit Beginn unserer Aktion arbeiten wir mit den Medien und nun ernten wir erste Früchte: Die japanische Regierung rudert hektisch zurück. Diese Saison, ließ sie heute Morgen die Welt wissen, werde die Jagd auf Buckelwale doch noch nicht aufgenommen. Standen doch 50 Buckelwale erstmals wieder zusätzlich zu den 935 Minkewalen und weiteren 50 Finnwalen auf der Liste. Eine gute Nachricht! Wie ein Lauffeuer breitet sich die Neuigkeit auf unserem Schiff aus und entfacht erneut endlose Diskussionen darüber, ob und wann wir wohl erreichen, dass der Walfang im antarktischen Schutzgebiet eingestellt wird. In drei Tagen ist Weihnachten, aber das schönste Geschenk haben wir schon heute bekommen.

23. Dezember 2007

Navigation auf schmalem Grad

Wind 8, See 5, Luft 12 °C, Wasser 12 °C, starker Regen: Mit dem T-Shirt-Wetter ist es vorbei. Wir nähern uns dem Südlichen Ozean, dessen Name nicht so geläufig ist. Kein Wunder, denn selbst die Frage nach den sieben Weltmeeren lässt sich nicht eindeutig beantworten. In früheren Zeiten herrschte die Einteilung in Atlantik, Pazifik, Indischen Ozean, Karibisches Meer, Gelbes Meer, Nordsee und Mittelmeer vor. Doch mittlerweile werden Meere und Ozeane anders betrachtet. Ozeane haben einen mittelozeanischen Rücken, ein aktives Gebirge auf dem Grund, das durch vulkanische Aktivität die ozeanische Kruste produziert und so aktiv an der Plattentektonik beteiligt ist. Dagegen sind die Nordsee, die Ostsee und auch das Mittelmeer eben „nur" Meere. Das Mittelmeer ist ein Rest eines einst weltumspannenden Meeresgürtels, der Thetys. Durch die Plattenverschiebung wurde die Thetys fast geschlossen. So ist es nicht leicht zu sagen, was denn nun die sieben Weltmeere sind. Sollte mich jemand fragen, kann ich beruhigt meine Version vertreten; man ist sich da ja ohnehin nicht einig: Nord- und Südatlantik, Nord- und Südpazifik, Indischer Ozean, Nord- und Südpolarmeer. Wer jetzt Erbsen zählen möchte, kann das auch auf fünf Weltmeere eindampfen. Aber wenn es früher schon immer „sieben Weltmeere" hieß, wer bin ich denn, dass ich welche unterschlage?

Fährt man auf dem Pazifik Richtung Süden, Richtung Antarktis, spricht man ab dem 50. Breitengrad Süd vom Südlichen Ozean oder Südpolarmeer. Zum Vergleich: Der 50. Breitengrad Nord durchläuft geradewegs die Innenstadt von Mainz. Von der sind wir richtig weit entfernt. Wie weit, lässt sich anhand der Breitengrade errechnen. Weil die Erde einen Radius von etwa 6.370 Kilometern und einen Umfang von rund 40.000 Kilometern hat, ergibt sich ein Abstand der Breitengrade von 111 Kilometern. Ähnlich wie bei einer Uhr ist jeder dieser Grade in 60 Bogenminuten eingeteilt, die sich wiederum in 60 Bogensekunden gliedern. Nun lässt sich die Länge einer Bogenminute messen, nämlich 1/60 des Grades, und man kommt auf die Länge von 1,85 Kilometer. Natürlich ist das kein Zufall: 1,85 Kilometer ist auch die Länge einer Seemeile. Denn die wurde erfunden, um das Ablesen von Entfernungen auf Karten mit Gradeinteilung zu vereinfachen.

Wer sich mit Navigation beschäftigt, sollte die sechs wichtigsten Breitengrade kennen. Dazu gehören der Äquator und die beiden Pole. Außerdem die zwei Polarkreise auf 66,55° Nord und 66,55° Süd. Sie markieren den Übergang von gemäßigten zu polaren Regionen, wo die Sonne zum Zeitpunkt der Sonnenwende nicht mehr auf- oder untergeht. Die beiden anderen wichtigen Breitengrade sind die Wendekreise. Da gibt es den des Krebses auf 23,45° nördlicher Breite. Auf ihm steht am 21. Juni die Sonne mittags senkrecht am Himmel. Für diejenigen, die nichts mit Navigation zu tun haben: Das ist der längste Tag auf der Nordhemisphäre, gleichzeitig der kürzeste auf der Südhemisphäre. Umgekehrt verhält es sich mit dem Wendekreis des Steinbocks auf 23,45° südlicher Breite. Hier findet am 21. Dezember die Wintersonnenwende statt, bei uns auf der Nordhalbkugel werden die Tage ab jetzt wieder länger. Die Erdachse verändert ihre Lage langsam, um rund 0,4685 Sekunden pro Jahr. Und da der magnetische Nordpol dort entsteht, wo die Erdachse verläuft, wandert er entsprechend. Das muss bei jeder Kursberechnung berücksichtigt werden.

Nicht nur die T-Shirt-Tage liegen hinter uns, auch die ruhigen Tage, an denen die *Esperanza* ungehindert mit 13 Knoten durch die Wellen lief. Ich muss an Chris denken und an seine Frage, ob der Seegang noch schlimmer werde – zu einer Zeit, als unser Schiff fast wie ein Brett auf dem Wasser lag. Er hatte sich tapfer gehalten, selbst im Taifun. Er hat schnell mitbekommen, wie sehr das Auf und Ab noch zunehmen kann. Doch jetzt greifen die Roaring Forties nach uns, hier sind ungestüme Wellen ganz normal.

Um mich abzulenken, gehe ich in die Kombüse. Ich habe versprochen, einen Käsekuchen zu backen, dabei habe ich das in meinem ganzen Leben noch nicht gemacht. Angela, die mit dem Filmteam an Bord kam, kann mir bei meiner Suche nach einem Rezept auch nicht weiterhelfen. Sie lacht und sagt: „Ich habe noch nie einen Kuchen gebacken!" Aber im Internet werde ich fündig. So gehe ich mit meinem Zettel zu Ronnie und Simona und versuche, die Zutaten zusammenzubekommen. Aber was heißt das alles auf Englisch? Quark ist vor allem etwas, das man auf dem ganzen Schiff nicht finden kann. Nun gut, es ist nicht das einzige, wofür ich ein Ersatzmittel finden muss. Ich mache gleich zwei Kuchen. Und so laufe ich hochkonzentriert durch die Küche, mache mehr Dreck, als mir lieb ist, und habe nach einer Stunde tatsächlich eine recht flüssige Masse in den Springformen. Der Ofen ist nicht aufgehängt, deshalb macht er jede Bewegung des Schiffes mit. Und der Inhalt der Springformen auch. Nun habe ich eine Vorstellung, warum die Dinger Springformen heißen: Der Teig spring heraus. Ich muss zugeben, ich fühle mich ein wenig ungerecht behandelt. Kaum schiebe ich einen Kuchen in den Ofen, geht das Geschaukel los. Aber ich kann nichts machen. Also gehe ich in meine Kabine und sehe erst zum Ende der Backzeit wieder in der Kombüse nach.

Auch der herausgesprungene Teig konnte offenbar der Temperatur nicht widerstehen und hat sich außerhalb der Form verfestigt. Ich gehe mit meiner Beute eine Etage tiefer und stelle sie zum Abkühlen in den Kühlraum. Beim Probieren stelle ich fest, dass der Kuchen sehr nahrhaft ist und man nicht mehr als ein halbes Stück davon essen kann. Aber schmecken tut er trotzdem! So kommen wir in den Genuss eines Käsekuchens, der nicht unbedingt nach Käsekuchen schmeckt, dafür aber nach klitschigem Teig. Und da selbst klitzekleine Stückchen von ihm satt machen, hat auch die ganze Mannschaft etwas davon.

24. Dezember 2007

Heiligabend an Bord

Im Film *Star Trek IV: Zurück in die Gegenwart* wird im 23. Jahrhundert unser schöner blauer Planet von einer Sonde bedroht. Sie sendet rätselhafte Signale aus, und da sie keine Antwort bekommt, beginnt die Sonde, die Ozeane zu verdampfen. Ganz schlecht sieht es aus um Mutter Erde, als Captain Kirk und seine Crew herausfinden, dass die Sonde Gesänge von Buckelwalen sendet. Da Wale auf der Erde im 20. Jahrhundert ausgestorben sind und deshalb keiner antwortet, setzt sie ihr Zerstörungswerk fort. Es gibt nur eine Lösung: Durch einen Zeitsprung müssen Kirk & Co. ins 20. Jahrhundert reisen, um einen Wal zu holen, der helfen soll, die Welt zu retten.

Keine Frage, dass mir die Grundidee dieser Geschichte gefällt. Denn sie spielt mit der Frage, die uns keiner beantworten kann: Was passiert, wenn wir Tier- und Pflanzenarten ausrotten? Schließlich begreift der Mensch kaum die biologischen Zusammenhänge der Ökosysteme im Hier und Jetzt, geschweige denn die Auswirkungen der heutigen Zerstörungen auf die Zukunft. Nur dass sie gewaltig sein werden, denn pro Tag verschwinden über hundert Tier- und Pflanzenarten unwiderruflich von unserem Planeten. Dieser Verlust hat nichts mit der natürlichen Auslese als Teil der Evolution zu tun. Seit sich die Erde dreht, sind bereits 500 Millionen Tierarten auf natürliche Weise ausgestorben. Die Vernichtung der Lebensräume von Tieren und Pflanzen durch den Menschen ist aber etwas völlig anderes. Sie vollzieht sich rasend schnell, wie etwa bei der acht Meter langen und vier Tonnen schweren Riesenseekuh. 1741 wurde sie erstmals wissenschaftlich beschrieben, keine 27 Jahre später erschlugen Pelztierjäger auf der Beringinsel das letzte Exemplar. Ähnlich verhält es sich mit den Berggorillas. Als der deutsche Offizier Robert von Beringe 1903 die ersten Tiere entdeckte, schoss er gleich mal zwei ab. Als Dank dafür ehrte man ihn als Namenspaten und verlieh den Berggorillas die wissenschaftliche Bezeichnung „Gorilla beringei“. Heute stehen sie kurz vor der Ausrottung. Im 19. Jahrhundert hat man in Bayern den letzten Tarpan – das waren kleine europäische Wildpferde – erlegt. Die Liste kann beliebig fortgeführt werden. Wir wissen nicht einmal, wie viele Arten wir gerade durch die Zerstörung der Urwälder vernichten, die wir noch gar nicht entdeckt und beschrieben haben! Ein unbekannter Pool auch für Medikamente, die nie entwickelt werden können. Von der Funktion innerhalb eines Ökosystems einmal ganz abgesehen.

Natürlich habe auch ich meine ganz persönlichen Favoriten in der Tierwelt. Aber letztendlich haben alle Lebewesen, ob groß oder klein, ihren Platz und ihre Funktion im System Natur, und deswegen sind sie mir wichtig. Warum ich so einen Bezug zur Natur habe, weiß ich gar nicht genau. Ich vermute mal, dass ich ihn meiner Mutter verdanke, die mir und meinen Brüdern, ohne es zu wissen, die Natur nahebrachte. Dabei lebten wir gar nicht auf dem Land, sondern im Stadtrandbereich. Doch sie achtete darauf, dass wir jeden Tag draußen waren, egal ob im Sommer oder Winter, bei Sonne, Regen oder Schnee. Dafür blieb der Fernseher in der Regel aus, es sei denn, es kamen Natursendungen. So haben wir alles gesehen, was mit Tieren und Natur zu tun hatte. Meine Brüder und ich legten Terrarien an, hielten dort Eidechsen, Blindschleichen, Frösche und Lurche, was wir eben finden und fangen konnten. Wir stromerten viel in der umliegenden Gegend herum und sammelten Tannenzapfen, Federn, Eulen-Gewölle und allerlei Tierknochen, die wir im Wald fanden. Dadurch wurden offenbar Neugierde und Forschergeist geweckt. Leite ich heute eine Expedition in Skandinavien, auf den Lofoten oder der Diskoinsel vor der Westküste Grönlands, ist es kaum anders als in den Kindertagen. Noch immer bin ich neugierig auf alles, was kreucht und fleucht, und freue mich an der Vielfalt des Lebens. Fahre ich hinaus aufs Meer, auf der Suche nach Orcas oder Pottwalen, hilft mir auch meine Übung aus der Kinderzeit in der Beachtung von Kleinigkeiten: Wie steht der Wind? Wohin ziehen Vögel? Wie laufen die Wellen? Ein Seeadler oder eine Möwe können mir den Weg zu den Walen zeigen. Wo diese fressen, fällt auch für andere etwas ab. Trotzdem weiß ich: Dieses Zusammenspiel der Naturkräfte können wir beobachten, studieren und daraus lernen – aber in seiner ganzen Komplexität haben wir es noch nicht erfasst, und es ist fraglich, ob wir das jemals schaffen.

Wale faszinieren mich allein schon wegen ihrer Größe. Ich habe neben Geologie auch Paläontologie studiert, also die Wissenschaft von der Entwicklung des Lebens und der Arten. Lebewesen vergangener Erdzeitalter und Dinosaurier sind Teil dieses Studiums. Die Sauropoden waren die größten Dinosaurier. Sie waren eine Gruppe von Pflanzenfressern und hatten besonders lange Schwänze und Hälse. Argentinosaurus war der größte. Er war ungefähr 45 Meter lang und wog 100 Tonnen. Dagegen wirken die heutigen größten Landlebewesen, die afrikanischen Elefanten, eher mickrig. Die Bullen werden gute drei Meter hoch und wiegen fünf Tonnen. Es sind die Wale, die mit den Dinosauriern mithalten können. Der Blauwal kann 34 Meter lang werden und wiegt bis zu 200 Tonnen. Er gilt damit als das größte Tier, das jemals auf der Erde gelebt hat. Zwar werden heutige Exemplare ähnlich den Pottwalen nicht mehr ganz so groß, trotzdem ist er durch seine Masse das gewaltigste Lebewesen aller Zeiten. Und er lebt heute. Nicht in der Trias oder der Kreidezeit.

Die Entwicklungsgeschichte der Menschen ist um einiges kürzer als die der Wale, selbst wenn man die Frühgeschichte der Primaten mitberücksichtigt. Diese begann vor 32 Millionen Jahren, die Menschwerdung vor rund 8 Millionen Jahren. Die Vorgänger der Wale lebten bereits vor 50 Millionen Jahren an Gewässern. Wohlgemerkt, sie lebten an Gewässern, nicht darin. Es waren noch landlebende Tiere. Diese frühen Wale hatten vier funktionsfähige Beine, wie auch eine Million Jahre später noch ihre weiterentwickelten Nachfahren. Sie gelten heute als wichtigste Übergangsform vom Land- zum Meerleben. Das kennzeichnet die außergewöhnliche Entwicklung der Wale: Sie sind die einzigen Säugetiere der Erde, die zurück ins Wasser gingen. Als erster hochseetüchtiger Wal gilt ein Tier, welches bereits stromlinienförmig gebaut und ein guter Schwimmer war. An Land konnte es sich nur noch schwerfällig bewegen. Seit 40 Millionen Jahren bevölkern nun Walarten das Meer, die keine Verbindung mehr zum Festland besitzen. Dieser Übergang dauerte 10 Millionen Jahre, nur ein kleiner Augenblick in der Evolution, wie ein Wimpernschlag. Durch den Weg zurück ins Meer, lange bevor die Hominiden die Erde bevölkerten, entfernte sich der natürliche Lebensraum der Wale von dem unseren. Die Waljagd begann erst, als der Mensch mit technischen Hilfsmitteln in der Lage war, in solch fremde Lebensräume vorzudringen. Natürlich betrachtet ist der Wal keine Beute des Menschen.

Obwohl Mensch und Wal vieles trennt, gibt es auch Gemeinsamkeiten: Wie Menschen besitzen Wale eine komplexe Kommunikation. Sie ist bei den Zahnwalen noch ausgeprägter als bei den Bartenwalen. Am bekanntesten sind allerdings die Gesänge der Buckelwale. Die erste wissenschaftliche Untersuchung fand erst im Jahr 1971 statt. Immerhin kann man davon ausgehen, dass Walgesänge aus Strophen bestehen, die zusammen 20 Minuten dauern können. Diese Lieder können über

Stunden und manchmal sogar Tage gesungen werden. Dabei entwickelt sich das Lied, wird lauter oder leiser, Noten werden verändert, hin und wieder auch die Geschwindigkeit. In manchen Jahren wechseln Wale ständig den Gesang, in anderen gar nicht. Außerdem suchen Wale – ebenfalls dem Menschen ähnlich – Körperkontakt. Abgesehen von jungen, nicht geschlechtsreifen Pottwalen leben sie in Familienverbänden. Buckelwale treffe ich häufig zu zweit an, Finnwale mitunter alleine, in der Regel aber zu zweit oder zu dritt.

Aus diesen Gedanken werde ich gerissen, als Irene kommt und mich mit in den Aufenthaltsraum schleppt. Dort wird der Weihnachtsbaum geschmückt und jeder soll etwas dranhängen. Die kleine Kiefer, die in Bluff an Bord gekommen ist, steht nun, festgebunden an eine Säule, im Aufenthaltsraum und versucht hoffnungslos, weihnachtliche Stimmung zu verbreiten. Ich denke zurück an die beiden letzten Fahrten. Vor zwölf Monaten konnte ich Weihnachten zu Hause verbringen, da sind wir erst im Januar losgefahren. Im Jahr davor hatten wir zu dieser Zeit schon die Fangflotte gefunden und haben in den Schlauchbooten gesessen. Es war ein Tag vor Weihnachten, als die Walfänger mit Bootshaken auf einige von uns eingeschlagen haben. Ich bin dankbar, dass es jetzt noch so ruhig zugeht. Die Aktionen der letzten Jahre haben deutlich gemacht, wie ernst wir den Walschutz nehmen. Nach unseren Berechnungen werden wir aber erst nach Neujahr auf die Flotte treffen. Das Südpolarmeer ist riesig.

Meinen ersten Aktionstag gegen die japanische Fangflotte vor zwei Jahren werde ich nie vergessen. Als ich bei Greenpeace anfing, hatte ich natürlich auch das Bild von den taffen Jungs und Mädels vor Augen, die im Schlauchboot gegen die Walfänger kämpfen. Ein Bild, welches das Image von Greenpeace verdeutlicht. Und natürlich hatte auch ich damals die Vorstellung, einmal solche Einsätze zu fahren. Allerdings wurde mir schnell klar, wie fromm dieser Wunsch war und wie weit weg die Chance, einmal selber dabei sein zu können. Zuerst einmal muss man ein guter Bootfahrer sein, und unter den Besatzungsmitgliedern auf den Schiffen gibt es viele gute Fahrer. Dort wartete man kaum auf Landratten wie mich, die sich dann in die Schlauchboote setzen. Aber mein Weg hat sich doch so entwickelt, dass ich nun dabei war.

Die Fangschiffe hatten ihre Arbeit schon in den frühen Morgenstunden aufgenommen. Entsprechend waren auch wir bereits auf den Beinen. Wir fuhren mit den Schlauchbooten zur *Nisshin Maru* und warteten, bis die Fangschiffe zurückkamen. Denn in der Nacht waren sie hinterm Horizont verschwunden, um morgens die ersten Wale ohne Störungen erlegen zu können. So hefteten wir uns an die Fangschiffe, nachdem sie ihre Beute bei dem Fabrikschiff abgeliefert hatten. Sobald ein Wal gesichtet wurde, fuhr eines unserer Schlauchboote zwischen Harpune und Wal. Auf diese Weise war es uns gelungen, einige Abschüsse zu verhindern, und die Japaner wurden immer gereizter. Ich dagegen hatte das Gefühl, immer ruhiger zu werden. Es war ein strahlend schöner Tag, mit einer gleißenden Sonne an einem azurblauen Himmel, keine Wolke war zu sehen, Packeis und Eisberge warfen das helle Sonnenlicht zurück. An diesem Tag habe ich gesehen, wie ein Wal durch meine Manöver entkommen konnte. Er tauchte unter ein Eisfeld ab, an dessen Rand die Jäger fuhren. Ich hatte den Abschuss so lange verhindern können, bis die rettende Eiskante nah genug war. Das Fangschiff änderte den Kurs und hielt Ausschau nach einem anderen Tier.

Ich werde heute oft gefragt, was ich in diesen Momenten gedacht habe, ob ich nicht Angst hatte, ob es nicht gefährlich sei, „wie man sich das vorstellen muss". Und bei der Suche nach der Antwort stelle ich fest, dass man sich diese Momente wohl kaum vorstellen kann. Beziehungsweise, dass Vorstellung und Realität weit auseinanderliegen. Ich kann nur für mich sprechen und gestehe, in diesen Momenten denke ich fast nichts. Ich bin so vollgepumpt mit Adrenalin, dass alle Gefühle barmherzig zugedeckt sind, körperliche Schmerzen nimmt man nicht wahr, ich habe nur meine Aufgabe vor Augen. Und ich muss aufpassen, dass ich das Risiko nicht aus dem Blick verliere. Ich kann heute verstehen, warum Soldaten aus ihren schützenden Gräben springen und in das feindliche Feuer laufen. Wenn ich solche Spielfilme gesehen habe, dachte ich immer, diese Szenen könnten so nie stattfinden. Ich für meinen Teil war überzeugt, dass ich für nichts auf der Welt so einen Graben verlassen würde. Aber heute denke ich, ich habe mich geirrt. Unter Adrenalin und in Ausnahmesituationen macht der Mensch noch ganz andere Dinge. Die Wahrnehmung verschiebt sich. Werte und Gefühle werden verdrängt oder überbewertet. Ich bin froh, dass wir im Training zu Hause das Agieren unter dem Einfluss von Adrenalin üben und ein Bewusstsein dafür bekommen, was sich in einem verändert und wie man mit sich selber umgehen muss.

Die allererste Aktion damals war als ein Herantasten gedacht. Alle Schlauchboote der *Esperanza* und der *Arctic Sunrise* wurden zu Wasser gelassen. Wir wollten uns der *Nisshin Maru* nähern und zum einen sehen, wie die Walfänger reagieren, zum anderen die Übergabe eines erlegten Wales studieren. Denn nur, wenn wir genau wissen, wie dieser Prozess abläuft, können wir effektive Aktionen fahren und die Gefahr minimieren. Bald holten unsere acht Boote das Fabrikschiff ein. Wir wussten, dass man uns nicht mit offenen Armen empfangen würde, aber die Aggression, die uns entgegenschlug, hatten wir nicht erwartet. Mit Feuerlöschschläuchen wurden wir begrüßt. Eines der kleinen Boote überschlug sich in den

Turbulenzen der Wellen. Frank, der schon bei dieser Fahrt die *Esperanza* steuerte, setzte das Schiff an die Stelle, die ein Fangschiff zur Übergabe eines Wales einnehmen muss. Das nächste Fangschiff näherte sich ohne Verzögerung und rammte seitlich die *Esperanza*. Als das Schiff zum zweiten Mal zum Rammen ansetzte, steuerte Frank die *Esperanza* zur Seite. Die Gefahr einer ernsthaften Havarie war zu groß. In der Zwischenzeit hatte sich *Grey Whale*, eines unserer Boote von der *Sunrise*, an dem Schleppseil für den Waltransfer verhakt und wurde vom Fangschiff rückwärts mitgerissen. Das Deck lief in Sekunden voll mit Wasser, die Bootsbesatzung konnte sich nur noch im Bug halten. Dort gab es zwar kaum etwas, um sich daran festzuhalten, aber immerhin waren die Aktivisten außer Reichweite der Bootshaken, mit denen zwei der japanischen Besatzungsmitglieder versuchten, auf sie einzuschlagen.

Den Walfängern zeigte dieser Morgen, dass wir die Waljagd gehörig stören können. Aber auch wir zahlten einen hohen Tribut. Zwei schwer beschädigte Boote und zwei unterkühlte Fahrer aus dem gekenterten Boot stehen auf unserer Liste. Wir kehrten auf die *Esperanza* und die *Arctic Sunrise* zurück. Zeit zur Erholung gab es kaum. Alles musste sofort repariert und wieder einsatzfähig gemacht werden. Am Ende des Tages dann geschah Ungewöhnliches: Nachdem wir auf die Schiffe zurückgekehrt waren, nahm die gesamte Fangflotte Fahrt auf und verließ mit Marschgeschwindigkeit die Jagdgewässer. Sie sollten mehr als 3.000 Seemeilen zurücklegen – zwölf Tage war die Flotte unterwegs, ohne zu jagen. Und jeder Tag, an dem nicht gejagt wird, zählt!

26. Dezember 2007

Unser Weihnachtsmann heißt Ronnie

Ich hätte den Kuchen heute backen sollen. Während vor drei Tagen noch bis zu sechs Meter hohe Wellen die *Esperanza* aus dem Wasser gehoben haben, der Bug für einen Augenblick schwebend über dem Wellenkamm stand, bevor er sich ins nächste Wellental bohrte, die See über dem Deck zusammenschlug und aus den beiden Ankerschächten Wasser wie explodierende Geysire schoss, bekamen wir pünktlich zum Heiligen Abend noch eine kleine Ruhepause geschenkt. Langsam hängt der Himmel aber wieder so tief, dass er das Schiff zu berühren scheint. Nebel beherrscht die Szene. Auf unserer Fahrt ins Nirgendwo schrumpft der Horizont unsere Welt zu einer kleinen grauen Scheibe zusammen, deren Mittelpunkt unsere knapp 73 Meter lange stählerne Zivilisation bildet. Nebel komprimiert diese Welt zu erzwungener Nähe.

Am Vormittag durchfahren wir ein gigantisches Eisfeld. In sehr langsamer Fahrt schiebt sich unser Schiff weiter nach Süden. Immer wieder drängt die *Esperanza* Eisplatten aus dem Weg, einige werden dabei zerbrochen. Das Geräusch ist einmalig und mit nichts zu vergleichen. Tausende von Eisstückchen, die aneinanderreiben, sich gegenseitig anstoßen, Eis, das bricht, ein fast gleichmäßiges Zischen und Rauschen, unterbrochen vom Knacken der brechenden Schollen.

Die Bescherung war gestern gleich nach dem Abendessen angesetzt. Das war gut, denn ich musste ja erst um Mitternacht meinen Wachposten beziehen. Bevor ich im Aufenthaltsraum ankam, hörte ich schon ein lautes Ho-ho-ho hinter der Tür. Als ich den Raum betrat, stand Ronnie schon in der Mitte, neben ihm ein großer Pappkarton voller Geschenke. Die alberne rote Weihnachtsmannmütze mit weißem Plüsch am Rand wies Ronnie ganz offensichtlich als Santa Claus aus. Offenbar war er vom Rest der Mannschaft einfach dazu „erwählt“ worden. Aber mit seinem philippinisch-gelassenen Gemüt nahm er die Rolle ohne viel Gezeter an und wärmte sich mit seinem Ho-ho-ho schon mal auf, bis alle da waren. Selten habe ich ein so fröhliches Weihnachten erlebt.

Als ich vor wenigen Tagen den Namenszettel für meinen zu Beschenkenden gezogen habe, stand der Name eines unserer Funker darauf. Das mag ich am Julklapp: zu sehen, wie das Geschenk von einem Unbekannten ankommt, und Weihnachten auf See ist der Beweis, dass Geben oft schöner ist als Nehmen. Gianluca freute sich riesig über mein Geschenk, ein Takelmesser aus Edelstahl. Auf die Seite hatte mir Victor, einer unserer Maschinisten, noch etwas eingraviert, damit dieses Messer ein für alle Mal unverwechselbar ist: *Southern Ocean 2007/2008*. An Bord eines Greenpeace-Schiffes ist jeder vielseitig einzusetzen. Daher muss ein Takelmesser nicht allein den Matrosen oder dem Bootsmann vorbehalten sein. Allerdings darf man Messer nicht einfach verschenken. Ein geschenktes Messer zerschneidet die Freundschaft. Mann muss es kaufen. Egal für wie viel. So beobachtete ich Gianluca, wie er mit Frank, unserem Kapitän, das Problem erörterte. Es dauerte nicht lange, da kam Gianluca auf mich zu und drückte mir eine koreanische Münze in die Hand. Ich weiß bis heute nicht, wie er darauf kam, dass ich es war, die ihn beschenkt hat. Dass er es herausgefunden hat, wundert mich wiederum nicht. Ein Schiff ist der denkbar schlechteste Ort auf der Welt, um ein Geheimnis zu bewahren. Ich selbst habe auch Nützliches bekommen: drei wunderschöne Karabinerhaken in den Farben Rot, Blau und Gold. Mit so etwas kann man mir immer eine Freude machen. Schließlich hat man als Bootfahrer nie genug Karabinerhaken.

Es gab noch viel zu lachen am gestrigen Abend. Froh und dankbar verließ ich zu später Stunde den Rest der Mannschaft, der noch weiterfeierte, um meine Wache anzutreten. Zu diesem Zeitpunkt konnte ich nicht wissen, dass mir eine solche Ausgelassenheit auf dem Rest der Fahrt nicht mehr vergönnt sein würde.

30. Dezember 2007

Abschied

Während der Wache zwischen den Feiertagen hatte ich versucht, meine Familie zu Hause anzurufen. Auch wenn man nicht der große Weihnachtsfreund ist, lässt einen diese Zeit im Jahr doch schnell mal sentimental werden, vor allem, wenn man so weit weg von daheim ist.

Da wir genau zwölf Stunden voraus sind, ist meine Hundswache ideal, um in der Heimat anzurufen. Doch irgendwie hatte ich Pech. Meine Mutter nahm das Telefon nicht ab. Ich verdrängte die Sorgen, die sich breitmachten, und nahm mir vor, es später noch einmal zu versuchen. Doch auch meine Brüder schienen zu dieser Zeit nicht in Reichweite zu sein, und so kam ich mir ein wenig verlassen vor. Ein Gefühl, das ich kaum kenne, und ich ärgerte mich über mich selbst, dass auch ich ausgerechnet um Weihnachten für solche Empfindungen anfällig bin.

Vier Hundswachen später erhielt ich um zwei Uhr morgens einen Anruf von meinem Freund. Er hat noch nie an Bord angerufen. Normalerweise rufe ich immer an, weil das sehr viel günstiger ist. Ich nahm den Hörer, wie in Zeitlupe. In meinem Gehirn machte sich eine Leere breit, je näher der Hörer meinem Ohr kam. Ein fernes, dumpfes Wissen griff zielstrebig nach meinem Bewusstsein, das plötzlich ohne Worte zu formulieren vermochte, was nun unweigerlich kommen musste. Vor wenigen Stunden war meine Mutter eingeschlafen. Was hatte sie gesagt? Auch wenn wir uns nicht mehr wiedersehen würden, sei es gut? Aber in diesem Moment ist nichts gut.

1. Januar 2008

Sanfte Töne aus der Tiefe

Silvester war ein fröhliches Fest, wenn ich auch nicht ausgelassen sein konnte. In den letzten Tagen haben meine Kollegen mir die schwere Zeit mit viel Anteilnahme leichter gemacht. Und ich muss feststellen, auf einem Schiff kann man doch gut „davonlaufen". Nichts gibt es hier, was mich an meine Mutter und meine Familie erinnert. So gelingt es mir eher, mich abzulenken. So fällt es leicht zu verdrängen. Auch wenn ich weiß, dass Verdrängung keine Lösung ist, nehme ich doch dankbar diese Möglichkeit an, schiebe meinen Schmerz so gut es geht beiseite und kehre nach ein paar Tagen zurück zum Alltag an Bord.

Die japanische Walflotte ist noch nicht gefunden. Aber wir nähern uns dem Zeitpunkt und der Region, in denen wir sie treffen müssten. Die Jäger wissen, dass wir die Antarktis erreicht haben; auch sie können sich ungefähr ausrechnen, wo wir uns befinden. Auf dem Wasser treiben endlose Eisfelder. Wir passieren riesige Eisberge. An einem fahren wir drei Stunden lang vorbei. Eine solche Umgebung ist oft trübe, eine einsame und graue Welt. Und trotzdem ist sie voller Leben. Sturmvögel und Albatrosse gibt es hier, Pinguine und Seeleoparden, Robben und natürlich Wale.

Neben der Suche nach der Fangflotte führen wir Walbeobachtungen durch, die wissenschaftlich dokumentiert und an Forschungsinstitute auf der ganzen Welt weitergegeben werden. In diesen Gebieten sind kaum Schiffe unterwegs. Solche Expeditionen sind lang und teuer. Daher sind unsere Daten etwas Besonderes und können vollkommen neue Erkenntnisse bringen. Wale, die sich hier aufhalten, sind bislang noch nicht identifiziert worden. Sollten wir Wale identifizieren, die bereits registriert sind, können mithilfe unserer Daten Wanderrouten vervollständigt werden. Obwohl Wale viele Menschen begeistern und faszinieren, ist das Wissen über diese Tiere noch gering und über die Populationen im Südpolarmeer kaum etwas bekannt. Die jährlichen Fahrten der Fangflotte in diese Gewässer, auch noch mit so vielen Schiffen, hätten über die Jahrzehnte umfangreiche Kenntnisse liefern können, wenn sie denn nur tatsächlich zu rein wissenschaftlichen Zwecken unternommen worden wären. Das sogenannte „Forschungsprogramm" der Japaner basiert ja nicht ohne Grund auf veralteten Methoden. Mit modernen Forschungsmethoden müsste kein Wal sterben. Aber man will das Fleisch, um es zu verkaufen und um möglichst bald auch offiziell zum kommerziellen Fang zurückzukehren.

Die fremde weiße Welt um unser Schiff strahlt Ruhe aus. Ich stehe nach einem Saunagang an Deck, nur in ein großes Handtuch gehüllt, an die Reling gelehnt und suche das Eis nach Leben ab. Die Luft scheint stillzustehen; fast wage ich nicht, Momente wie diesen zu genießen. Die Stille zeigt dem, der in ihr zu hören vermag, was uns unser Leben zu bieten hat. Plötzlich nimmt das Sein einen Raum ein, den es nur in der Stille erfahren kann. Zu Hause scheint dafür kein Platz, keine Ruhe, keine Zeit, zu viel Lärm zu sein.

Wasser, Eis und Schnee – ein Element und seine unterschiedlichen Zustände. Und selbst Wasser ist nicht gleich Wasser, geschweige denn Eis gleich Eis. Es geht die Legende, dass die Inuit für die unterschiedlichen Erscheinungsformen von Schnee 50 verschiedene Worte haben. Aber das stimmt gar nicht. Ihre Sprache kennt eigentlich nur zwei Begriffe für Schnee: einen für fallenden und einen für liegenden. Die hohe

Zahl der Schneebezeichnungen erklärt sich aus der einfachen Tatsache, dass Wörter oft zusammengesetzt werden. Von daher hätten auch wir viele unterschiedliche Begriffe: Schneematsch, Schneeregen, Eisschnee, Schneeeis, Schneeflocken, Schneewehe – mit etwas Fantasie kommen auch wir auf 50 Begriffe. Allerdings wird die Sprache ja von dem geprägt, was wichtig ist. Natürlich verstehen Menschen aus den Polargebieten mehr von Schnee als alle anderen. Dieses Wissen ist überlebenswichtig.

So verhält es sich auch mit Eis. Kapitäne wie Frank, die häufig in arktischen und antarktischen Gewässern unterwegs sind, müssen Eis geradezu lesen können. Es ist wichtig zu wissen, ob das Eis jung oder alt ist. Es gibt unter anderem Aufschluss über die Festigkeit. Die Bildung von Meereis ist ein komplexer Prozess. Ab –1,9 °C bilden sich im Meerwasser millimeterkleine Eiskristalle. Da Eis eine geringere Dichte als Wasser hat, schwimmen sie an der Wasseroberfläche und bilden nach und nach einen feinen Eisbrei. Dieser unterdrückt kleinere Wellen, sodass die Wasseroberfläche zwar matt, aber glatter wird. Nimmt nun die Temperatur weiter ab, verdichtet sich der Eisbrei zu Klumpen von wenigen Zentimetern Größe. Wind und Wasserbewegung reiben diese Klumpen aneinander. Dadurch erhalten sie eine scheibenförmige Gestalt, die auch Eispfannkuchen genannt wird. Selbst der dünnste dieser Pfannkuchen bleibt nicht dünn, wenn die Temperatur weiter fällt und er mit anderen verschmilzt. So wird aus unzähligen Eisscheiben eine geschlossene Eisscholle. Durch stärkere Wellentätigkeit können sich einzelne Platten aufeinanderschieben und es kommt zur Ausbildung einer zerklüfteten Oberfläche. Die sieht man aber in der Regel nur unter dem Eis, weil die Oberseite oft mit Schnee bedeckt ist und dadurch glatt erscheint.

Eis ist alles andere als tote Materie. Jede Menge Leben steckt darin. Einzellige Kieselalgen beginnen zu wachsen und färben

Eisschollen braun-grün. Eis kann fast alle Farben annehmen. Viele Eisberge oder Eisschollen sind leuchtend blau. Die Intensität der Farbe gibt an, wie viele Luftbläschen bereits ausgetrieben sind, beziehungsweise wie stark das Eis komprimiert wurde. Es gibt auch schwarzes Eis, zum Beispiel wenn Ascheregen von Vulkanausbrüchen oder schwarzes Erdreich von Schlammlawinen eingelagert wurde. Schwarzes Eis ist freilich selten. Aber besonders schön!

Dieses Jahr sehen wir recht viele Buckelwale. Ich denke nicht, dass sich ihre Anzahl tatsächlich erhöht hat. Ich vermute eher, es hängt mit unseren zusätzlichen Beobachtungen zusammen, denn solange das Wetter es zulässt, ist ein weiterer Ausguck für Walsichtungen auf der Brücke und dokumentiert jedes erspähte Exemplar. Als wir jetzt mehrere Familien auf einmal entdecken, gibt Frank die Order, zwei unserer Boote, die *African Queen* und die *Billy G.*, zu Wasser zu lassen.

In der Regel werden die Boote von Greenpeace-Schiffen auf thematisch recht naheliegende Namen getauft. Sie heißen *Blue Whale, Grey Whale, Orca, Mermaid* oder *Hurricane*. Die *African Queen* allerdings wurde aus passendem Grund nach dem Humphrey-Bogart-Film benannt: Das altersschwache Schiff aus dem gleichnamigen Film hält tapfer durch und schafft eine Strecke auf einem Fluss, die als nicht beschiffbar galt. Zum Schluss versenkt sie, selber schon halb versunken, das Schiff der Bösen. Also ein altes, tapferes und gutes Boot. Und das kann man über unsere *Queen* auch sagen! Bei der *Billy G.* gibt es einen ernsten Grund für die Namensgebung. Sie wurde nach Hamilton Billy Green benannt, der 2001 in Kalifornien bei einem Raubüberfall ums Leben kam. Er war ein junger Filmemacher, dessen jüngster Kurzfilm gerade zu einer erfolgreichen Festivaltour gestartet war, als das Verbrechen passierte. Green war ein großer Bewunderer von Greenpeace, und seine

Mutter stiftete nach seinem tragischen Tod ein Schlauchboot, das Greenpeace America extra für die Bedürfnisse der Organisation bauen lassen sollte. So entstand die *Billy G.*, die für die Antarktisexpedition an die *Esperanza* ausgeliehen wurde.

Langsam gleitet, nur noch vom Kran getragen, unser Boot zu Wasser. Als es die Wasseroberfläche berührt, starte ich den Motor, und weil ich an Deck mal wieder vergessen habe, das Funkgerät zu prüfen, hole ich es schnell nach, als das Boot sich bereits in den Wellen bewegt.

"*Esperanza, Esperanza,* this is *Billy G.*, radio check, over."

Die Antwort kommt prompt: "*Billy G.*, this is *Esperanza.* I can hear you loud and clear, over."

Gustavo hat den Kranhaken ausgehakt. Langsam fahre ich ein Stück nach vorne, damit er auch die Bugleine aushaken kann. Dann ist das Boot frei und ich fahre zur Pilotdoor, der Tür in der Bordwand, durch die unsere Mitfahrer zusteigen können. Die *Esperanza* macht kaum noch Fahrt, die *African Queen* ist bereits im Wasser und auf dem Weg zu einem Eisberg, vor dem einige Buckelwale gerade Luftblasenkreise wie Netze ziehen, in denen sie Krill oder kleine Fischschwärme zusammentreiben. Von unten tauchen sie dann in den Blasenkreis und stoßen mit weit geöffneten Kiefern nach oben durch die Wasseroberfläche, das Maul voller Krebschen oder Fische, die durch die Barten gefiltert werden. Ich fahre langsam auf eine andere Gruppe zu, bleibe in einiger Entfernung liegen und stelle den Motor aus, habe mich aber vorher vergewissert, dass sie in unsere Richtung kommen. Wir haben Glück, denn die drei großen Wale behalten ihre Richtung bei und kommen auf uns zu.

Ich weiß nicht, wie oft ich mich in einem Boot schon Walen genähert habe. Es ist jedes Mal anders, und die Faszination wächst mit jedem Meter, den man an diese Tiere heranrücken kann. Mit 16 Metern Länge sind Buckelwale doppelt so groß wie das Boot. Allerdings bringen sie mit bis zu 30 Tonnen Gewicht das Zehnfache unseres Bootes auf die Waage. Buckelwale sind gut zu erkennen, sie haben eine ausgeprägte Erscheinung. Am Kopf sind sie oft von Seepocken – kleinen, niederen Krebsen – besetzt, die sich auf diese Weise durch die Weltmeere tragen lassen. Man findet Seepocken überall: Auf Steinen und Felsen, auch auf anderen Krebsen, auf Muscheln und Schnecken. Mit den Buckelwalen teilen sie einen gemeinsamen Lebensraum, wobei die Gründe dieser Symbiose unklar sind. Manche Wale sind völlig mit ihnen bewachsen.

Buckelwale gehören zu den Furchenwalen, und das sieht man ihnen auf den ersten Blick an. Ein ausgewachsener Buckelwal hat 14 bis 20 Kehlfurchen, die als charakteristische Streifen auf der Unterseite des Tieres zu erkennen sind. Wodurch man ihn besonders gut erkennen kann, sind die langen, schartigen Brustflossen. Sie sind größer als die der anderen Wale. Seine Rückenfinne ist dagegen recht klein, wie bei allen Bartenwalen. Für sein Winterquartier bevorzugt er tropische und subtropische Gewässer, doch im Sommer zieht es ihn in die polaren Meere, denn dort findet er zu dieser Zeit die meiste Nahrung. Man geht davon aus – eine Formulierung, die deutlich macht, wie wenig über diese Tiere bekannt ist –, dass Buckelwale niemals den Äquator überqueren. Ob es wirklich stimmt, dass ein nördlicher Buckelwal niemals in den Süden kommt und sein südlicher Verwandter nie in den Norden, konnte noch nicht nachgewiesen werden. Jedenfalls gibt es im Pazifik und im Atlantik je eine nördliche und eine südliche Population. Die südliche Population zieht im Sommer ins Südpolarmeer, und einige von ihnen schwimmen offenbar bis zu dem Eisberg, den wir jetzt erreichen.

Der Motor ist aus. Wir dümpeln nahe den Walen auf dem Wasser. Sie sind neugierig und heute scheinbar geneigt, sich unser Boot aus nächster Nähe anzusehen. Sie tauchen ab, wir können nichts sehen, das dunkle Meer hat sie verschluckt.

Doch plötzlich hebt sich das Wasser, bildet einen kleinen Hügel, teilt sich, und ein schwarzer Kopf schiebt sich heraus. Mit einem lauten Zischen stößt das große Tier seinen Atem in die klare Polarluft, der zu einer hohen, schlanken Dunstwolke kondensiert, um schließlich fast eine halbe Minute lang in der Luft zu zerschmelzen. Auf einmal haben sich alle drei Wale um das Boot versammelt. Einer hat sich auf den Rücken gedreht und schwimmt unter dem Boot, einer taucht direkt neben uns ab, der dritte hebt den Kopf aus dem Wasser und schiebt ihn fast bis auf den Rand des Bootes. Er will uns sehen, so wie wir ihn sehen wollen. Ich kenne niemanden, der sich in einer solchen Nähe zu einem Wal dem Drang entziehen kann, ihn zu berühren. Es ist schwer, sich darauf zu besinnen, dass man diese Tiere nicht anfassen soll, aber die Wale scheinen ihrerseits den Wunsch nach Körperkontakt zu verspüren. Manchmal, auch wenn man selbst nichts macht und sie nahe genug herankommen können, stupsen sie einen an. Vorsichtig, langsam und fremd. Ihre Bewegungen zeigen mir, wie viel Körperbeherrschung so ein Tier hat. Es weiß in jeder Sekunde, wo sein Kopf, seine Flossen, seine Fluke sind, wie nah es dem Boot und uns ist. Neben Walen wird die eigene Existenz zu etwas Zerbrechlichem. Wir gehören hier nicht her. Im Wasser könnten wir es nicht lange aushalten. Wir brauchen ein Schiff, eine spezielle Ausrüstung und sehr viel Wissen und Know-how, um überhaupt hier sein zu können. Die Natur zeigt, wie es gehen kann. Angepasst, durch Jahrmillionen der Evolution. Es sind diese Momente, die mir die Natur nahebringen, mich verstehen und gleichzeitig staunen lassen. Ich glaube, das Staunen ist oft größer als das Verstehen.

Später an Bord treffe ich Leandra, unsere wissenschaftliche Leiterin, die ebenfalls mit einem Boot draußen war. Zu ihren Aufgaben gehören Aufnahmen mit einem Unterwassermikrofon, die neben den Walbeobachtungen auf unserem Plan stehen. Leandra stammt aus Jundiaí in Brasilien und ist eine der wenigen an Bord, die ihre Kindheit nicht in der Nähe des Meeres verbracht haben. Trotzdem hat sie sich in die Ozeane verliebt und widmet sich seither der Walforschung. Sie arbeitete eine Zeit lang am CEMAR, dem Marine Conservation Research Center in Long Beach, Kalifornien, wo Fauna und Flora des Pazifiks untersucht werden. Auf der *Esperanza* beschäftigt sie sich mit der Foto-Identifikation von Buckelwalen, der noch immer besten Möglichkeit, den vielen ungelösten Rätseln um diese Tiere auf die Spur zu kommen.

Leandra hatte das Hydrofon mit im Boot, um Geräusche der Wale aufzunehmen. Heute war ein günstiger Tag dafür. Es waren so viele Wale in der Nähe, dass sie etwas weiter wegfahren konnte, damit möglichst wenige Geräusche vom Schiff und den anderen Booten mit aufgenommen werden. Auch über Walgesänge weiß man nur wenig. Was man weiß, ist, dass die Tonbildung anders entsteht als beim Menschen. Wir produzieren Töne, indem wir Luft durch den Kehlkopf strömen lassen. Dort sitzen Stimmlippen, die beim Öffnen und Schließen Luftpakete bilden. Aus denen formen Kehle, Zunge und Lippen unterschiedliche Laute. Bei Zahnwalen dagegen entstehen Töne bei der Passage von Luft durch den Kopf. Wissenschaftler nennen diese Passage „phonic lips“. Mit Ausnahme des Pottwals haben alle Zahnwale zwei Paare solcher Lippen. Deshalb können sie zwei Töne gleichzeitig produzieren. Die Vibration der „phonic lips“ wird an die Melone des Wals weitergeleitet – kein Druckfehler, das Organ heißt tatsächlich so. Dort wird der Ton geformt und in die richtige Richtung gelenkt, denn Walgesänge dienen auch der Echoortung. Anders verläuft die Tonbildung bei Bartenwalen. Diese haben keine „phonic lips“, sondern einen Kehlkopf, dem aber die Stimmbänder fehlen. Damit wird es rätselhaft und das bleibt es auch. Niemand weiß, wie in einem Kehlkopf ohne Stimmbänder Lautbildung zustande kommen kann.

„Bisher ist lediglich bekannt“, sagt Leandra, „dass Bartenwale nicht ausatmen müssen, um Töne zu produzieren.“ Walgesänge sind sehr unterschiedlich. Am bekanntesten sind die der Buckelwale. Ganz einfach, weil sie am melodischsten sind. Andere Wale bringen manchmal nur Klicklaute oder langweilige Tonfolgen hervor. Unsere Walschule war allerdings wohl weniger sangeslustig. Trotzdem gelingen Leandra einige Aufnahmen, die später weitergegeben werden, damit Walforscher sie mit anderen Aufnahmen abgleichen können.

Kapitel 6

Giganten der Meere

12. Januar 2008

Master and Commander

Auf dem Schiff ist es still. Nachts fahren wir zurzeit nicht. Wir könnten jeden Augenblick auf die Flotte stoßen. Dabei ist es jetzt sehr wichtig, dass wir zuerst die *Nisshin Maru* treffen. Sollten wir vor ihr auf eines der Beobachtungsschiffe oder einen Jäger stoßen, könnte alles umsonst sein! Wenn wir nicht zumindest zeitgleich die *Nisshin Maru* auf das Radar bekommen, können die japanischen Walfänger in aller Seelenruhe eines ihrer Schiffe als Aufpasser bei der *Esperanza* positionieren, und wir hätten keine Chance mehr, die *Nisshin Maru* zu finden. Unser Aufseher könnte dann jederzeit dem Fabrikschiff und dem Rest der Flotte mitteilen, wo wir uns aufhalten. Die Situation ist vertrackt für beide Seiten: Wir sind dort angekommen, wo die Flotte sein könnte. Wir wissen aber nicht, wo sie sind. Sie wissen, dass wir unterwegs sind. Sie können sich auch ausrechnen, wann wir sie erreichen könnten. Sie wissen aber nicht, wo wir sind.

Wir haben unsere Theorien und Erfahrungen. Wir haben Angaben über das sogenannte Forschungsprogramm und damit auch über das Fanggebiet. Dennoch bleibt alles so lange Theorie, bis wir tatsächlich auf die Flotte treffen. Bisher haben wir sie jedes Mal gefunden, obwohl die Größe des Meeres um die Antarktis mit Worten nicht zu beschreiben ist. Und vorstellbar schon gar nicht. Vor zwei Jahren war ich 73 Tage auf See. Ich habe in dieser Zeit nur einmal Land gesehen, das war am 61. Tag. Eine Gebirgskette der Antarktis, ungefähr 60 Kilometer weit entfernt. Es war der Tag, bevor wir uns auf den Rückweg machten, und wir verbrachten ihn im Eis und auf dem Eis.

Zum Seelepflegen und innerlichen Auftanken, nach fast zwei Wochen Aktionen. Ein kurzes Luftholen, wir saßen mit Pinguinen auf dem Eis, haben Fußball gespielt, südlich vom Südpolarkreis, bei strahlender Sonne am Firmament und –7 °C. Danach folgten zwölf Tage Rückfahrt bis Kapstadt. Von Eisbergen zurück zu Palmen. Und in 73 Tagen habe ich, sieht man von der japanischen Fangflotte und der Gebirgskette ab, nur Wasser und Eis um mich herum gesehen. Kein fremdes Schiff ist uns begegnet, nicht einmal Kondensstreifen von Flugzeugen konnte man am Himmel sehen.

Ich komme pünktlich um Mitternacht auf die Brücke. Die letzten Nächte waren spannend und gleichzeitig langweilig. Das Schiff treibt ja nachts nur, da gibt es nichts zu sehen, keinen Wechsel von Wasser und Eisfeldern, keinen Eisberg, dem man ausweichen muss, keine Wale, die friedlich ihres Weges ziehen oder Krillschwärme fressen. Und dennoch spannend, weil die Fangflotte gleich hinterm Horizont sein könnte. Wir gehen davon aus, dass auch die japanischen Schiffe nachts driften. Das kennen wir so aus der Vergangenheit.

Im Allgemeinen ist es in dieser Region auch um Mitternacht noch hell. Die Sonne geht hier nicht unter. Aber heute Nacht ist es grau und die Sonne steckt irgendwo hinter tiefen, dunklen Wolken. Kein Strahl dringt durch die geschlossene Decke. Die Welt um uns wirkt düster und trübe, bewegungslos und still. Ich stehe vor dem Radar und höre mit einem Ohr der Wachübergabe zwischen Waldemar und Texas zu. Der Radarschirm ist voller kleiner Punkte, die uns zeigen, wo Eisberge sind. Sie sind überall. Es ist fast windstill. Doch merkwürdigerweise beginnt ein Eisberg, sich zu bewegen. Ganz langsam. Zuerst denke ich mir nichts dabei, vielleicht eine Fehlmessung. Die Wachübergabe ist noch nicht zu Ende, als ich, ohne aufzublicken, sage: „Da bewegt sich etwas zu schnell.“ Texas und

Waldemar unterbrechen ihr Gespräch und sehen zu mir herüber.

„Was bewegt sich?" fragt Texas.

„Wenn es einen einzelnen Eisberg gibt, der sich mit 4 Knoten bewegt, dann ist hier einer", entgegne ich.

Mit wenigen Schritten sind die beiden am Radar. Die Köpfe zusammengesteckt, verharren wir stumm vor dem Schirm, als könnten wir den sich bewegenden Punkt durch Lärm verscheuchen. Wir entdecken einen weiteren Punkt, der sich in Bewegung setzt. Und einen dritten.

„Das ist die Flotte! Das müssen sie sein!" Waldemar denkt nicht mehr daran, seine Wache zu beenden und in die Koje zu gehen.

Ich schaue Texas an und sage: „Das war ja pünktlich zu unserer Wache! Pünktlicher kann es ja gar nicht sein!"

Wir vergewissern uns besorgt, wie weit die Punkte von uns entfernt sind, sehen nach draußen, obwohl die Sicht weit unter der Distanz zu den Objekten liegt. Ich nehme trotzdem ein Fernglas und starre in das feste Grau am nahen Horizont, welches das Packeis und die Eisberge verschlingt. Wir haben vielleicht eine Meile Sicht. Es ist so trübe, sie können uns nicht sehen. Und da wir driften, dürften sie uns auch auf dem Radar nicht erfassen können.

Als wir sicher sind, dass sich die drei Punkte bewegen und offenbar weiterbewegen wollen, ist es halb eins. Ich werde ein Stockwerk tiefer geschickt, um Frank zu wecken. Keine zwei Minuten später ist er auf der Brücke und sieht sich an, was wir seit Kurzem beobachten. Er macht ein ernstes Gesicht, wie immer, wenn er sich konzentriert. Er nimmt den Platz am Radar ein und lässt sich berichten, was vorgefallen ist. Ich fühle mich auf der Brücke plötzlich wie ein Tiger im Käfig. Dahin ist die ruhige Wache um Mitternacht. Ich bin froh, dass jetzt etwas passiert. Endlich haben wir sie! Aber haben wir das? Die bange

Frage ist: Wo ist die *Nisshin Maru?* Sie allein darf uns nicht davonfahren, sie ist das Schiff, das wir finden müssen. Würden wir ein anderes Schiff blockieren, wäre das für die Japaner zu verkraften: Die Flotte könnte auch ohne Beobachtungsschiff jagen, und auch der Verlust eines der Jäger würde sie nicht daran hindern. Ohne Fabrikschiff aber ist alle Beute der Jäger nutzlos, da die erlegten Tiere umgehend weiterverarbeitet werden müssen. Wirklich etwas ausrichten können wir deshalb nur, wenn wir am Heck des Mutterschiffes hängen.

Ich höre der leisen Diskussion zu, welches der Schiffe vor uns die *Nisshin Maru* sein könnte. Inzwischen wurde Bent geweckt; die Hauptmaschinen sollen gestartet werden. Es dauert immer, bevor wir losfahren können, denn diese großen Dieselmaschinen müssen erst einmal auf Betriebstemperatur kommen. Mittlerweile füllt sich die Brücke. Obwohl es bald ein Uhr ist, erfahren irgendwie doch einige, was los ist. Schon werden frischer Kaffee und ein paar Kekse gebracht. Kaum jemand spricht ein Wort. Nur die Fetzen der Diskussion am Radar sind zu vernehmen. Die Nervosität steigt sprunghaft an, als das ferne Brummen der Hauptmaschinen das Schiff ergreift. Blicke werden gewechselt, Augenbrauen hochgezogen, übermüdete Gesichter tauschen lautlos Fragen aus.

Frank berührt mit seinem Zeigefinger fast den Bildschirm des Radars: „Das ist sie! Ich bin mir sicher. Dieser hier“, und er wechselt zu einem Punkt, dessen Vektorpfeil in eine andere Richtung zeigt als der des vermeintlichen Fabrikschiffs, „lief eben über 16 Knoten, das kann sie nicht sein.“

Alle versuchen, einen Blick auf das Radar zu erhaschen. Und jeder passt höllisch auf, Frank nicht im Weg zu sein. Das Telefon klingelt, Bent gibt durch, dass die Maschinen bereit sind. Frank geht an die Steuerungskonsole für die Hauptmaschinen und schiebt die Hebel langsam nach vorne. Das Schiff nimmt unmerklich Fahrt auf. Ab jetzt können uns die Japaner auch entdecken. Es dauert nicht lange, da merken wir, dass genau das passiert ist. Ein Schiff dreht ab und nimmt Fahrt auf. Und das ziemlich schnell. Sehr gut, denn bei einer solchen Geschwindigkeit wissen wir, dass auch dies nicht die *Nisshin Maru* sein kann. Die *Esperanza* schiebt kleine Eisbrocken aus dem Weg, der Himmel klart etwas auf. Zwei Meilen Sicht. Mittlerweile bewegen sich fünf Punkte. Zwei sind schon fast wieder vom Schirm verschwunden. Das macht nichts. Wir sind hinter einem bestimmten her und fahren mit der gleichen Geschwindigkeit. Der Punkt kann uns nicht entkommen! Plötzlich ändert er seinen Kurs. Fast neunzig Grad, fast nach Norden. Er läuft direkt auf einen größeren Punkt zu.

„Ha!", sagt Frank, „Sie fahren zu einem Eisberg, da sitzt bestimmt ein zweites Schiff daneben! Sie wollen uns täuschen! Das IST die *Nisshin Maru*!"

Ich habe einen Platz gefunden, von dem aus ich gut den Radarschirm beobachten kann. Die Punkte beginnen zu verschmelzen. Aber wir haben ein neues Radar an Bord und können eine Ausschnittsvergrößerung einstellen. Und siehe da: Es ist nicht ein Punkt, es sind drei! Das hinter dem Eisberg wartende Objekt setzt sich in Bewegung, um den Kurs des ankommenden Schiffes aufzunehmen, sobald dieses hinter dem eisigen Versteck verschwindet, dort seine Geschwindigkeit drosselt und den Kurs ändert. Sie hoffen, dass wir das falsche Schiff verfolgen. Frank entscheidet, welcher Punkt das richtige Ziel ist. Nach weiteren zehn Meilen Fahrt hat sich ein Schiff hinter uns eingereiht, wir können es aber noch nicht sehen; fünf Meilen vor uns läuft das vermeintliche Fabrikschiff. Immer wieder, einmal zur vollen Stunde, muss ich mich von der Brücke losreißen, um auf meinen Rundgang zu gehen.

Kurz vor Ende meiner Wache stehen wir mit Ferngläsern vor den Augen da und starren vor uns. Wer die *Nisshin Maru* als Erster sieht, bekommt eine Belohnung.

„Da ist sie!“, ruft Frank und zeigt endlich ein kleines Lächeln.

Ich sehe ihn von der Seite an und stelle mir vor, wie erleichtert er jetzt sein muss. Die ganze Verantwortung, die Flotte zu finden, lag letztlich auf seinen Schultern. Er ist zwar „nur“ der Kapitän, aber Frank hat die meiste Erfahrung. Was das Suchen anbelangt, fragt jeder als Erstes ihn. Ich kann das offene Heck mit der Rampe durch eine seichte Nebelwand erkennen. Ja, da ist sie, die *Nisshin Maru*. Das Fabrikschiff, das Herz der Flotte. Auf dem schwarzen Rumpf leuchten die Buchstaben „Research“. Ganz in Weiß und neu gestrichen. So verlockend sticht die Schrift hervor, dass ich nur zu gern zum Schiff hinüberfahren und das Wort mit einem passenderen überschreiben möchte.

So wie vor zwei Jahren, als wir der *Oriental Bluebird* und der *Nisshin Maru* einen Besuch mit Farbeimern in den Booten abgestattet haben. Um zwanzig nach sechs öffnete sich meine Kabinentür und Anne, die auf Wache war, fragte, ob ich an diesem Morgen eine Aktion fahren könne. Nun, dafür war ich ja hergekommen. Obwohl es noch so früh war und mir die sieben Stunden harten Fahrens von zwei Tagen zuvor noch in den Knochen steckten, stand ich auf und war zehn Minuten später auf der Brücke zur Einsatzbesprechung. In der Nacht hatte sich das Versorgungsschiff *Oriental Bluebird* zur *Nisshin Maru* gesellt und übernahm gefrorenes Walfleisch, um den Laderaum des Fabrikschiffes zu entlasten. Die *Oriental Bluebird* ist ein ganz besonderes Ärgernis. Offiziell gehört sie gar nicht zur Walfangflotte, weil sie unter panamaischer Flagge fährt. Deshalb braucht sie nach Artikel 8 der Internationalen Konvention zur Regulierung des Walfangs eine Erlaubnis des Flaggenstaates Panama, um im Walschutzgebiet unterwegs sein zu dürfen. Diese Erlaubnis hat sie nicht.

Wir wollten den Versorger mit einem „neuen Rumpfanstrich“ versehen, der deutlich macht, dass hier Walfleisch aus einem Schutzgebiet transportiert wird. Noch vor sieben Uhr waren wir mit den Schlauchbooten auf dem Wasser. Unser damaliger Kameramann und die Fotografin wurden mit einem Boot von der *Esperanza* abgeholt. Wir fuhren bei fast glatter See und geradezu freundlichem Wetter zur *Oriental Bluebird* und dem längsseits vertäuten Fabrikschiff. Um zwei Uhr in der Frühe hatte das Umladen des gefrorenen, in Kartons und auf Paletten verpackten Walfleischs begonnen. Das Umladen wurde von Tweety, unserem Hubschrauber, aus dokumentiert.

Ich hatte erwartet, dass wir wieder mit Feuerlöschschläuchen begrüßt würden. Aber weit gefehlt! Ein paar Crewmitglieder der *Oriental Bluebird* standen an der Reling, winkten uns freundlich zu und beobachteten unser Treiben. Wir schrieben die Worte „Walfleisch aus Schutzgebiet“ auf die Steuerbordseite des Rumpfes, sodass man es weithin lesen konnte. Auch ans Heck, unter Namen und Herkunft des Schiffes, schrieben wir die Botschaft. Während unserer Aktion wurden die Leinen zwischen der *Nisshin Maru* und dem Versorger losgeworfen, und die *Oriental Bluebird* begann, langsam loszufahren. Wir waren mit der Beschriftung an der Seite noch nicht ganz fertig, aber das konnten wir auch leicht während der Fahrt erledigen. Auch die *Nisshin Maru* setzte sich in Fahrt. Sie zog einen Kreis über Backbord und fuhr der *Arctic Sunrise* von links vor den Bug! Obwohl die Maschine der *Sunrise* bereits auf voller Fahrt zurück lief, konnte die Kollision mit der *Nisshin Maru* nicht verhindert werden. Der Bug unseres Schiffes wurde eingedrückt und der Bugmast aus seiner Verankerung gerissen. Das Fabrikschiff lief ohne Verzögerung weiter nach Süden.

Frank erhöht jetzt noch einmal die Geschwindigkeit und wir verfolgen das Fabrikschiff. Ich sehe zu unserem Kapitän hinüber, der mit zusammengepressten Lippen das Radar beobachtet und den Autopiloten neu einstellt.

„Sie spekulieren darauf, dass uns irgendwann der Treibstoff ausgeht“, sagt Karli.

„Wir haben kein Tankschiff wie sie“, sage ich. „Aber vielleicht müssen sie selbst bald bunkern.“

Ich bleibe länger auf der Brücke, als ich sollte. Minuten werden zu Stunden. Die *Nisshin Maru* läuft mit 12 Knoten durch die Gewässer, wir dicht hinter ihr. Hinter uns wiederum eines der Fangschiffe. Der Rest der Flotte ist irgendwo hinterm Horizont. Ansonsten ist da niemand. Auch nicht das versprochene Schiff der australischen Regierung. Da gab es auf einmal heftige politische Diskussionen, verbunden mit viel Gerede, woraufhin das Zoll- und Fischereiüberwachungsschiff *Oceanic Viking* erst einmal im Hafen bleiben musste. Viel zu spät gehe ich in meine Koje, um noch ein wenig Schlaf zu bekommen. Wir wissen ja nicht, was uns in den kommenden Stunden erwartet. Besser, man ist einigermaßen fit.

Zur nächsten Wache bin ich wieder auf der Brücke.

„Was macht die *Nisshin Maru?*“, will ich wissen. Eine Frage, die jeder stellt, der auf der Brücke vorbeischaut.

Frank steht so da, wie ich ihn verlassen habe. Er gönnt sich ein kleines Schmunzeln.

„Sie fährt direkt nach Norden. Wenn sie den Kurs beibehält, sind wir bald außerhalb der Fanggewässer“, sagt er.

Vor meinem geistigen Auge zähle ich die Tage. Für jeden Tag, den die Japaner nicht jagen, veranschlage ich im Schnitt 15 gerettete Wale. Bei 100 Tagen Saison, 935 Minkewalen und 50 Finnwalen liegt der Schnitt zwar bei 10 Walen pro Tag, aber dieses Jahr ist die Flotte zu spät angekommen, und wenn schlechtes Wetter ist, kann auch nicht gejagt werden. Die so entstandenen Jagdausfälle dürften die Japaner dazu veranlassen, die tägliche Fangrate zu erhöhen. Schließlich können sie die Jagdsaison nicht nach hinten verlängern, dem Winter sei Dank. Aber sie könnten Nachtschichten einlegen. Ich weiß nicht, wie stark die Besatzung ist. Wir haben gehört, dass sie dieses Jahr mehr Leute mitgenommen haben. Vielleicht sind das aber auch nur Gerüchte. Falls sie rund um die Uhr arbeiten, können sie Ausfallzeiten schnell wieder reinholen. Bei so viel bereits verlorener Zeit ist die Kursänderung der *Nisshin Maru* zwar äußerst verwunderlich, aber uns kann sie nur recht sein: Sie ist die größte Garantie dafür, dass weitere Wale verschont bleiben.

14. Januar 2008

Katz und Maus

Ich kann es kaum glauben, aber wir sind nicht mehr im Südlichen Ozean. Wir haben den 50. Breitengrad überquert, dieses Mal in nördlicher Richtung. Der Nebel ist verschwunden, und es ist zwar noch nicht wirklich warm, aber man kann es draußen schon wieder ganz gut aushalten. Langsam nähern wir uns den Kerguelen-Inseln, die zu Frankreich gehören. Das Fangschiff hat uns inzwischen verlassen. Wir rätseln, was die *Nisshin Maru* wohl vorhat. Will sie nach Südafrika? Mittlerweile befinden wir uns fünf Tage vor Durban. Die Welt auf einem Schiff ist klein, der ideale Nährboden für Gerüchte. Wild spekulieren wir, ob wir nach Durban fahren sollen. Immerhin geht unser Sprit langsam zur Neige. Dort könnten wir neu bunkern und wieder los! Aber dann hätten wir die Flotte verloren und müssten sie erneut suchen. Und ob wir sie noch einmal finden? Aber alle Spekulationen dienen letztlich nur dazu, der Neugier, der Unruhe, der Nervosität Raum zu schaffen, ein Ventil, mit der entnervenden Situation umzugehen.

Die Zeit der Trainings ist lange vorbei. Seit wir die Flotte getroffen haben, besteht keine Möglichkeit mehr, ein Boot für Übungszwecke ins Wasser zu lassen. Sollte es einen Motorschaden haben oder irgendetwas passieren, sodass die *Esperanza* umkehren müsste, hätten wir die *Nisshin Maru* innerhalb einer Stunde verloren. Der Alltag an Bord ist mittlerweile nicht mehr dafür geeignet, die Stimmung zu verbessern. Die Ungewissheit greift um sich, jeder sucht auf seine Weise Ablenkung. Und doch sind wir jederzeit einsatzbereit. Alles liegt und steht griffbereit an Ort und Stelle. So geht es weiter, Tag für Tag, Nacht für Nacht. Insgeheim hatte ich gehofft, die *Nisshin Maru* würde selbst nach Durban fahren und die Waljagd aufgeben. Aber das sind fromme Wünsche. Das Fabrikschiff fährt einmal um die Kerguelen. Leider nicht in Sichtweite, zu gerne hätte ich wenigstens einen Blick auf die subantarktische Inselgruppe geworfen.

Die Taktik der japanischen Walfänger ist langsam klar. Sie fahren solange, bis uns der Sprit ausgeht. Sie nehmen tagelange Fangausfälle in Kauf, damit nicht wieder Bilder wie vor zwei Jahren um die Welt gehen und zeigen, was in der Antarktis mit den Walen geschieht.

19. Januar 2007

Umkehr ins Fanggebiet

Täglich werden Fragen laut, und es ist erstaunlich, wie viele Stunden lang man kalkulieren und berechnen kann, für wie lange der Sprit noch ausreicht, wann wir umkehren müssen. Nur ist das mit dem Umkehren so eine Sache. Die *Nisshin Maru* läuft jetzt wieder nach Süden, zurück in Richtung der Fanggründe. Wie weit können wir ihr noch folgen? Ich rechne ständig, wie lange der Vorrat hält.

Gestern erschien ein Schiff auf dem Radar, das auf die *Nisshin Maru* zuhielt. Wir mussten nicht lange warten, bis es auch am Horizont zu sehen war. Inzwischen hatte die *Nisshin Maru* ihre Fahrt unterbrochen und die Maschinen gestoppt. An Steuerbordseite wurden Fender ausgebracht. Das sind große Puffer, damit sich die Schiffe nicht berühren können, wenn sie längsseits gehen. Als das neue Schiff zu erkennen war, sahen wir, dass es eines der Fangschiffe war. Am Morgen ging es längsseits, und wir wollten wissen, was genau an Bord der beiden Schiffe los war.

Umgehend wurden die Bootfahrer, der Fotograf und der Kameramann gerufen, und nun zeigte sich, dass unser Training Früchte trägt. Die Boote waren ruckzuck im Wasser, und ich war froh, unser Schiff einmal wieder verlassen zu können. Nachdem die Motoren warm waren, konnte ich Gas geben, aber die rasante Fahrt war genauso schnell wieder vorbei, denn die Schiffe lagen nicht weit von der *Esperanza*. Sowohl auf dem Fangschiff als auch auf der *Nisshin Maru* waren alle Feuerlöschschläuche in Gebrauch, ebenso die Wasserkanonen am Heck des Fabrikschiffes. So nahe an den riesigen Kolossen hatten wir die Möglichkeit zu sehen, was den Walfängern Neues eingefallen ist. An den Seiten entdeckten wir kleinere Ausgaben der Wasserkanonen. Eigentlich waren es nur auf eine Halterung montierte Löschschläuche.

Die Schiffe lagen dicht nebeneinander, nur durch die großen, runden Fender getrennt. Ein dicker Schlauch wurde von der *Nisshin Maru* zum Fangschiff gereicht und zwischen den Schiffen an eine Halterung gehängt. Das Fangschiff sollte aufgetankt werden. Wir fuhren zum Bug des Fängers, der unnatürlich hoch aufragt. Er ist deshalb so gebaut, damit verletzte Wale, die am Harpunenseil hängend wild um sich schlagen, mit der Fluke oder ihrem Körper nicht das Deck erreichen können. Es ist ein recht unheimliches Gefühl, wenn man sich mit einem Schlauchboot zwischen ein paar Tausend Tonnen schwankenden Stahls begeben muss. Aber das gewonnene Wissen darüber, dass die Fangflotte alle nötigen Vorkehrungen trifft, um sich wieder ganz ihrer eigentlichen Aufgabe zu widmen, war den Ausflug wert. Auch wenn die Erkenntnis, mit der wir zur *Esperanza* zurückkehrten, eine ernüchternde war: Allem Anschein nach ist die Schonzeit abgelaufen, die Flotte bereit zur Jagd.

23. Januar 2008

Hatz auf eisigem Wasser

Der Weckruf kommt kurz nach sechs Uhr. Der letzte Ton ist kaum verklungen, als ich bereits angezogen bin und Richtung Deck renne. Es könnte sein, dass die Jagd heute beginnt. Schon werden die ersten beiden Boote über die Reling nach außenbords gehoben. Bis sie zu Wasser gelassen werden, vergeht eine Stunde der Anspannung. Dann kommt die Entwarnung, dass die Japaner zunächst keine Anstalten machen, die Jagd zu beginnen. Trotzdem machen wir Bootfahrer uns bereit zur Abfahrt: Vierhundert Meter vor uns treiben die *Nisshin Maru* und die *Oriental Bluebird* auf grauer See. Sie wollen gefrorenes Walfleisch umladen, denn die Ladekapazität auf dem Fabrikschiff reicht offenbar nicht, um das Fleisch von über 1.000 Walen selber zu bunkern.

Ich schließe den Reißverschluss meines Überlebensanzugs und klettere ins Boot. Heute ist Clive mein Beifahrer. Er stammt aus Victoria auf Vancouver Island in Kanada. Eigentlich ist er unser Bordarzt, doch wenn alle gesund bleiben, arbeitet er auch als Matrose und Bootfahrer. Unsere erste Aufgabe: Wir sollen das Filmteam so nahe wie möglich an die *Nisshin Maru* bringen und das Verladen dokumentieren. Kaum lege ich ab und gebe Gas, dringt schwarzer Qualm aus dem Auspuff. Ich verlangsame die Fahrt, die Abgase nehmen eine normale Farbe an. Ich gebe wieder Gas, der Qualm wird schwarz. Ich vermute, dass der Turbolader nicht funktioniert. Sein Job ist, Luft in den Motor zu bringen, um den Verbrennungsprozess bei höheren Drehzahlen mit zusätzlichem Sauerstoff zu versorgen. Nur so kann der Motor seine ganze Kraft entwickeln. Streikt er jedoch wie jetzt, kommt das Boot nicht einmal in Gleitfahrt. Der Ausflug ist zu Ende, bevor er begonnen hat. Ich bin genervt, enttäuscht. Das darf nicht wahr sein! Unzählige Male haben wir in den letzten Tagen Motoren und Ausrüstung gecheckt, und jetzt das. Aber Schimpfen hilft nichts, ich muss die *Esperanza* anfunken: „*Susie Q* an Brücke, ich kann nicht beschleunigen, der Turbolader ist vermutlich kaputt." Der Turbolader ist normalerweise nie ein Problem. Und so haben wir Glück, dass wir einen Ersatz-Turbolader an Bord haben. Mark, unser Mechaniker, der in Auckland an Bord gekommen ist, macht sich sofort daran, das Boot zu reparieren. Nur eine Stunde später können wir wieder los.

Endlich! Ich fahre das Boot in Position, sodass wir die Übergabe genau sehen können. Doch es sind auch zwei Fangschiffe da, die uns jetzt aufs Korn nehmen. Sie halten genau auf die Schlauchboote zu, und wenn wir nicht ausweichen, würden sie uns überfahren. Eine Jagd beginnt, und diesmal sind wir die Gejagten! Obwohl die Fangschiffe trotz ihrer Länge von gut 60 Metern sehr manövrierfähig sind, ist ein Schlauchboot flinker. Dennoch müssen wir konzentriert und geschickt fahren, damit sie uns nicht erwischen. Ein Fangschiff hält direkt auf uns zu, und erst im letzten Moment gebe ich Gas, um aus seiner Reichweite zu kommen. Zusätzlich zielen die Walfänger mit ihren Wasserwerfern auf uns, aber sie erreichen uns nicht. Die Fangschiffe ziehen hohe Heckwellen bei ihrer Jagd auf unsere Boote.

Plötzlich versiegen die Wasserwerfer, die Fangschiffe umrunden nur noch die beiden aneinander festgemachten Schiffe. Sie fahren noch dicht an uns vorbei, ohne etwas gegen uns zu unternehmen, und ich gucke verdutzt hinterher. Dann sehen wir plötzlich den Grund: Die *Oceanic Viking*, das Schiff der australischen Regierung, taucht am Horizont auf. Vor diesem hochoffiziellen Besuch benehmen sich sogar die Japaner. Es macht sich nicht gut, wenn sie kleine Greenpeace-Schlauchboote jagen. Schließlich sind sie in friedlicher Mission im Südlichen Ozean und betreiben nur wissenschaftlichen Walfang. Auch ich nehme die Geschwindigkeit herunter und spüre, wie sich die Spannung in mir auflöst.

„Gerade noch rechtzeitig“, sagt Clive und deutet auf die Temperaturanzeige. Die steht bei 120 Grad! Nur noch kurze Zeit und der Motor wäre im Eimer gewesen.

„Vielleicht ist ein Kühlwasserschlauch geplatzt“, sage ich, „wenn wir Glück haben.“

Ich schalte den Motor aus. Dann greife ich zum Funkgerät und rufe die *Esperanza*. „Brücke, *Susie Q*, der Motor ist überhitzt.“ Die *African Queen* hat mitgehört und ist schon zu uns unterwegs, als die *Esperanza* sie zu uns schicken will. Wir werden in Schlepp genommen und fahren zurück zu unserem Schiff.

24. Januar 2008

Die Jagd

Der Wal taucht neben meinen Boot auf. Fast streift er uns, aber nur fast. Er ist am Ende seiner Kräfte, ich höre seinen unregelmäßigen Atem. Die Jagd auf ihn geht in die zweite Stunde. Immer wieder ist es mir gelungen, unser Boot in die Schussbahn zu manövrieren. Das Fangschiff bleibt dicht hinter uns, einige Tausend Tonnen Stahl, bereit, uns unter sich zu begraben. Ein kleiner Fahrfehler, eine übersehene Eisscholle bedeuten das Ende. Aber ich gebe nicht auf. Es ist, als sei ich persönlich mit diesem Wal verbunden und seine Rettung das Letzte, was es für mich noch zu tun gibt. Auch wenn ich weiß, dass wir am Ende nicht siegen werden. Nicht für dieses eine Geschöpf. Weil wir nicht siegen können. Seine Tauchphasen werden kürzer und kürzer. Er ist erschöpft, ich bin erschöpft, der Jäger nicht. Wir sind allein gegen viele, ich habe bloß ein Schlauchboot, sie haben Granatharpunen. Doch wer aufgibt, hat schon verloren. Der Strahl aus unserer Feuerlöschpumpe steigt empor, zerfällt am Kulminationspunkt in einen Teppich aus Gischt, nimmt dem Harpunier die Sicht. Ich fahre hin und her, ziehe enge Kurven, fahre direkt vor dem Bug des Jägers, dicht, sehr dicht, eigentlich zu dicht. Immer mehr Eisschollen schwimmen auf dem Meer. Von Minute zu Minute wird es kälter, das Wasser gefriert. Die letzten Strahlen einer fahlen Sonne dringen durch den Nebel.

Das wabernde Grau um mich ist so dicht, dass ich kaum den Wal sehe, obwohl er direkt neben dem Boot auftaucht. Auch der Harpunier auf dem Fangschiff sieht nur sich bewegende Schemen. Er schießt trotzdem. Der laute, trockene Knall, der die Luft zerreißt, schlägt mir wie ein Fausthieb in den Magen. Ich spüre einen Luftzug, als die Harpune neben meinem Kopf vorbeirast. Keine zwan-

zig Meter von uns entfernt schießt das getroffene Tier aus dem Wasser. Auf seinem Rücken klafft eine Wunde, aus der eine Fontäne Blut schießt. Die Harpune hat getroffen, aber sie hängt nicht im Wal fest. Er wird trotzdem nicht entkommen. Er ist so stark verletzt, er wird sterben. Ich fahre zur Seite, denn nun können wir nichts mehr tun. Alles würde sein Leiden verlängern. Erst eine halbe Stunde und fünf weitere Schüsse später bleibt ein Harpunenpfeil im Wal stecken, eine weitere Granate reißt einmal mehr den Körper auf. Das Tier schlägt um sich. Mit gewaltiger Kraft peitscht die Fluke auf die Wasserfläche bei dem vergeblichen Versuch, unter Wasser zu entkommen. Wir können nur hoffen, dass der Wal schnell stirbt. Seine Verletzungen sind zu groß, als dass er überleben könnte. Es ist seine Verzweiflung, sein wilder Kampf, seine Stärke, sein Wille zu leben, der uns lähmt und den Blick nicht abwenden lässt.

Ich frage meine Crew, ob alles in Ordnung sei. Sie bejahen, aber nichts ist in Ordnung. Das Tier wird müde, die Harpunenleine wurde längst durchgeholt, der Wal treibt im rotgefärbten Wasser vor dem Bug des Jägers, der mittlerweile angehalten hat. Aber der Wal atmet weiter. Wir können nichts machen. Nicht solange er lebt. Die Walfänger lassen ein Seil vom Bug herab, legen es um die Fluke, während ein Schütze versucht, das Tier durch Gewehrschüsse in den Kopf zu töten. Aber es klappt nicht. Der Wal bewegt sich kaum noch, aber er atmet weiter. Jetzt ziehen sie das noch lebende Tier längsseits, befestigen seine Fluke an der Reling. Der Kopf ragt nun senkrecht in die Tiefe. Plötzlich beginnt der Wal noch einmal, sich zu wehren. Mit letzter Kraft versucht er, sich loszureißen, um Luft zu holen. Aber so festgebunden kann er nicht an die Oberfläche kommen. Die Versuche werden schwächer, hören auf, das große Tier ertrinkt.

Ich durchlebe diesen Moment, als sei er gerade erst geschehen. Jedes Bild, jedes Geräusch, jedes Gefühl, das an jenem Tag auf mich eingedrungen ist, hat sich mir in die Seele gebrannt. Und so denke ich auch heute an diese Jagd, die vor zwei Jahren mein Leben veränderte.

Noch zwei Tage können wir der *Nisshin Maru* folgen, die jetzt nach Osten fährt, als ob sie uns in Richtung Australien begleiten wolle. Die Flotte hat fast zwei Wochen nicht gejagt. Das ist das Beste, was den Walen passieren kann. Es ist nicht so spektakulär wie unsere Aktionen. Aber es ist wirksamer! Was will ich mehr? Ich bin froh, dass ich dieses Jahr nicht mit ansehen muss, wie Wale sterben, ich muss nicht durch blutiges Wasser fahren, ich muss nicht den dumpfen Knall der Harpune hören und spüren. Ich bin nicht böse, dass ich keine Aktion in der Schusslinie der Geschosse fahren muss. Ich würde es tun, dafür bin ich ja hier. Ich würde es jederzeit wieder tun.

26. Januar 2008

Rückkehr – Rückblick

Ich stehe auf der Brücke. Wir fahren den 14. Tag hinter der *Nisshin Maru* her. 14 Tage, in denen die Japaner nicht gejagt haben! Wenn ich meine private Rechnung zugrunde lege, dann sind sie jetzt 210 Wale im Rückstand. 210 Wale, das ist nicht schlecht. Das muss erst einmal aufgeholt werden.

Genau die Hälfte meiner Tagwache ist vorbei, als Frank auf die Brücke kommt und wir den Kurs wechseln. Wir sind noch außerhalb des von den japanischen Walfängern definierten Fanggebietes, als wir die *Nisshin Maru* verlassen müssen. Unser Sprit reicht nur noch bis Hobart auf Tasmanien. Das ist der nächste Hafen, den wir von unserer Position aus erreichen können. Obwohl wir die Flotte zwei ganze Wochen lang an der Jagd hindern konnten, bleibt ein schaler Geschmack, wenn man sich auf den Weg nach Hause macht. Die Freude ist gedämpft durch die unerfüllte Vorstellung, was wäre, wenn man hätte weitermachen können. Nachdem Texas und ich wieder allein auf der Brücke sind, versuchen wir, das trockene Schweigen zu unterbrechen.

„Weißt du noch“, sage ich zu Texas, ohne meinen Blick vom einsamen Horizont abzuwenden, „vor zwei Jahren, bevor wir zurückgefahren sind?“

Da schob sich die *Arctic Sunrise* in gleißendem Sonnenschein durch das erstarrte Packeis des antarktischen Schelfrandes. Fast behutsam drückte sie Eisschollen beiseite, um sich langsam auf feste Eisflächen zu schieben und diese mit ihrem Gewicht zu brechen. Wie einzementiert lagen riesige Eisberge in der Packeisfläche. Mächtige Kathedralen, bizarre Riesengestalten, Wasserfälle in den Augenblick gegossen, Höhlenöffnungen, aus denen Stalaktiten und Stalagmiten blitzten wie Diamanten. Auf Schollen schliefen Robben oder saßen Pinguine. Wir legten am Eisrand an und nach 62 Tagen auf hoher See berührten wir fast festen Boden. Fast, denn es war das Schelfeis, das um die Antarktis liegt.

Antarktika! Eine Welt, in der die Zeit stehengeblieben ist. Doch seit wir uns zum Herrscher des Planeten aufgeschwungen haben, ändert sich das rasant. Das 15 Millionen Jahre alte Eis schmilzt. Noch sind 70 Prozent aller Süßwasserreserven der Erde in 90 Prozent des Welteises gespeichert. 4.500 Meter dick ist die Eiskappe der Antarktis, doch sie nimmt mit der Geschwindigkeit von einem Prozent pro Jahrzehnt ab. Auf der anderen Seite unserer Erde, in der Arktis, sieht es ähnlich aus. Zum ersten Mal blieb im Winter 2006 die Nordwest-Passage vom Atlantik zum Pazifik völlig eisfrei.

Als ich die Festigkeit des Untergrunds nutzte, um in einiger Entfernung vom Schiff wieder einmal die absolute Ruhe zu genießen, ohne Generator, ohne Maschinen, ohne ein irgend geartetes Motorengeräusch, kamen die Bewohner dieser kalten Welt näher, um die seltsamen Besucher genauer zu betrachten. Die Gelassenheit der Pinguine uns Menschen gegenüber ist nicht verwunderlich. Ihre Entwicklungsgeschichte begann lange vor der unseren, vor über 40 Millionen Jahren. Die längste Zeit verlief sie ohne menschliche Begleitung. Das prägt.

Die Evolution der Pinguine ist ähnlich wie die der Wale, und es gibt eine faszinierende Parallele. Wale gaben den Landgang auf, um sich wieder der Welt des Wassers anzuvertrauen. Pinguine sind die einzige Familie in der Klasse der Vögel, in der alle 17 Arten aufs Fliegen verzichteten und ins Wasser zurückkehrten. Ihre Knochen sind nicht mehr leicht und luftig wie vor langer Zeit, sondern massiv und schwer. Das direkt unter der

Haut liegende Fettpolster ebnet die Körperoberfläche in eine Stromlinienform. Sie sind zehnmal schnittiger als jeder Porsche. Ihre Form wird zur Verbesserung von Wind- und Wasserwiderständen genutzt und erforscht.

70 Prozent ihrer Lebenszeit verbringen Pinguine schwimmend auf See. Da sie aber noch immer Vögel sind, müssen sie ihr Gefieder erneuern, sich paaren, Eier legen und Junge großziehen. Das geht nur an Land. Dafür haben sich die Königspinguine Südgeorgiens und die Kaiserpinguine auf dem antarktischen Festland die kältesten Brutplätze der Welt ausgesucht. Mitunter umfassen ihre Kolonien bis zu 100.000 Vögel. Im südargentinischen Punta Tombo lebt eine Magellan-Pinguin-Kolonie mit 250.000 Paaren. Pinguine legen immer nur ein Ei, und die Partner müssen sich beim Brüten im Zweiwochenrhythmus ablösen. Weil das Ei auf dem eisigen Boden erfrieren würde, muss es, auf den Füßen liegend, in einer Brutfalte am Unterbauch ausgebrütet werden. Die Aufzuchtrate bleibt trotzdem gering. In manchen Gegenden liegt sie bei knapp sechs Prozent. Auch das haben Pinguine mit Walen gemeinsam: In unwirtlichen Lebensregionen ist es verdammt schwer, Nachwuchs zu bekommen. So zieht eine Walkuh im Laufe ihres Lebens nur drei bis fünf Kälber auf.

Unter Gegenwart unserer befrackten Gastgeber starteten wir die letzte Aktion. Bis auf den Kapitän waren alle beteiligt – Bootfahrer, Matrosen, Köche, das Kampagnenteam. Wir legten uns aufs Eis und bildeten mit unseren Körpern den Satz "Help end whaling". Tweety hob von Bord der *Arctic Sunrise* ab und die Bilder aus dem Hubschrauber gingen noch am selben Tag um die Welt.

"Help end whaling." Die Botschaft kam an. 2006 erhob sich ein internationaler Sturm der Entrüstung gegen die walfangenden Nationen. Durch die Nachrichten aus der Antarktis aufgeschreckt, wollten Millionen von Menschen nicht länger hinnehmen, dass einige wenige durch ihre Profitgier die Ressourcen der Welt auf immer zerstören. Aber noch halten Länder wie Japan, Norwegen und Island dem Protest stand. Schwankend zwar, aber trickreich. Die Greenpeace-Aktionen der letzten Jahre brachten den Erfolg, dass dieses Jahr kein Wal getötet wurde, solange wir in der Nähe waren. Aber eben nur, solange wir in der Nähe waren. Nun müssen wir zurück. Unsere Treibstoffvorräte sind am Ende. Ich wünsche mir einen größeren Tank, obwohl ich weiß, dass der nicht die Lösung sein kann. Noch ist das australische Regierungsschiff vor Ort. Wird es ausreichen, die Japaner an der Waljagd zu hindern? Ich gehe hinab aufs Deck und stelle mich an die Reling. Wie viele Stunden habe ich die letzten drei Monate hier verbracht? Ich sehe zu, wie die Schiffe der japanischen Walfangflotte kleiner und kleiner werden.

Mit dem Beginn unserer Rückkehr geht eine sehr intensive und aufregende Zeit zu Ende. In meinem ganzen Leben haben Erlebnisse und Gefühle nicht so komprimiert auf mich eingewirkt wie auf meinen drei Fahrten in die Antarktis. Noch nie habe ich so viel gesehen, gemacht, gelernt, gelitten und gelacht – und das in einigen wenigen Monaten. Und ich kann wohl behaupten, dass ich schon viel erlebt habe. Obwohl sich unsere gemeinsame Zeit ihrem Ende neigt, werden die Menschen hier an Bord auf immer zusammengeschweißt sein, auch wenn man sich nie wiedersieht. Die besonderen Erfahrungen, die Ausnahmesituationen und die Enge, die wir hier erlebt haben, rücken Menschen näher zusammen, ob sie wollen oder nicht.

Was haben wir während dieser drei Fahrten nicht alles gemacht! Wir haben Eisberge gesehen, Vögel beobachtet, haben miteinander gesungen, gegessen, wir haben Stürme durchgestanden, mit der Ladung gekämpft, Boote repariert, das Deck geschrubbt, wir waren im Packeis, haben auf dem Eis Fußball gespielt, Pinguine und Robben gesehen. Wir waren auf Wache im Nebel und im Sonnenschein, wir haben uns auf den Schiffen besucht, sind im Helikopter geflogen und Boot gefahren, wir waren südlich des Südpolarkreises, wir hatten Sonne in der Nacht, wir sind ins Wasser gefallen, haben Trainings durchgeführt, wir waren Teil der aufwendigsten Aktionen, die Greenpeace je durchgeführt hat.

Wir konnten der Welt zeigen, was in der Antarktis mit den Walen geschieht. Wir haben viele Wale gesehen und wir haben viele Wale sterben sehen, wir haben um sie gekämpft, wir sind vor die Harpunen gefahren, wir haben gesehen, wie die Granaten neben uns in die Tierkörper einschlugen und sie innerlich zerfetzten, wir haben den oft langen Weg des Sterbens begleitet, des Todeskampfes und des Ertrinkens. Wir konnten einigen Walen zur Flucht verhelfen und wir konnten für viele Wale Zeit gewinnen. Wir haben es geschafft, dass die Japaner die selbst gesetzte Quote in den vergangenen drei Jahren nicht einmal erreicht haben. Wir sind durch Blut gefahren, wir sind von Wasserkanonen beschossen worden, man hat mit Bootshaken auf uns eingeschlagen, unsere Schiffe wurden gerammt. Wir haben jedes Jahr die Fangflotte gefunden, wir haben sie wochenlang verfolgt. Es gibt bestimmt noch tausend Dinge, die ich hier aufzählen könnte. Wir haben miteinander gekämpft, gefeiert, geredet, gelacht und geweint.

15. Februar 2008

Das Wasser der Süderelbe

Blicke ich vom Computer auf, sehe ich das Wasser der Süderelbe. Ich sehe den Wellengang auf dem Fluss, höre den Regen, der gegen die großen Fenster prasselt. Seltsam. Hier scheint die Zeit stehen geblieben zu sein. Doch dieser Eindruck wird nicht nur durch meine Hunde Lügen gestraft, die mich kaum aus den Augen lassen, seit ich vor zwei Tagen zur Tür hereinkam. Nein, die Zeit hat auch hier Spuren hinterlassen, die ich erst einmal verarbeiten muss. Ich will mein friedliches Zuhause genießen, mich ausruhen, meine Seele pflegen. Aber nach zwei Tagen wieder daheim kann ich noch nicht die Ruhe finden, nach der ich mich so sehr sehne.

In den E-Mails finde ich immer neue Meldungen: Menschen, die uns gratulieren. Menschen, die ein sofortiges Ende des Walfangs fordern. Vor mir stapeln sich Zeitungsausschnitte aus aller Welt. Egal, ob internationale oder regionale Presse, die Japaner kommen schlecht weg. "Japan resumes scandalous whale hunt", schreibt der Londoner *Guardian*. Im *Schwarzwälder Boten* lese ich: „Schockierende Fotos: Japaner töten Walmutter mit Kalb." Die australische Regierung protestiert. „Widerlich", kommentiert Umweltminister Peter Garrett das Vorgehen der Walfänger. Der deutsche Agrarstaatssekretär Gert Lindemann sagt, dieser Walfang sei für Deutschland inakzeptabel.

„Inakzeptabel" ist ein großes Wort, das Handlung fordert. Bei der Jahrestagung der Internationalen Walfangkommission in Chile müssen die Politiker ihrer Entrüstung Taten folgen lassen. Tun sie es nicht, wie so oft, wird die *Esperanza* wieder in die Antarktis fahren müssen. Dann begeben sich Menschen erneut an Bord unseres Flaggschiffes. Dann werde vielleicht auch ich im Südlichen Ozean, nahe der Packeiskante, wieder tun, was am besten gegen das Abschlachten der Wale hilft. Dann steuere ich wieder eines der kleinen Schlauchboote dorthin, wo die Gefahr am größten ist: ins Fadenkreuz der Walfänger.

Danksagung

Während meiner letzten Antarktisreise starb meine Mutter. Ihr gebührt ein besonderer Dank. Sie hat mich vom Krankenbett aus ermutigt, meine Reise fortzusetzen. Sie hat meine Brüder und mich großgezogen, als mein Vater sehr früh verstarb. Ihr habe ich es zu verdanken, dass ich ein offener, selbstständiger Mensch geworden bin.

Da ich nicht auf die übliche Art und Weise habe Abschied nehmen können, habe ich kurz vor Tasmanien, auf der anderen Seite der Welt, eine Flaschenpost ins Meer geworfen:

Hallo Mutti,
ich danke Dir für mein Leben, für Deine Liebe und Fürsorge.
Du hast mir so vieles mitgegeben, was mich im Leben stark macht, was mir auf meinem Weg hilft. Du konntest mir zwar nicht die Welt erklären, aber Du hast mir Stärke gegeben, dass ich sie selber erforschen kann. Du hast mir Vertrauen geschenkt, dass ich meinen Weg durchs Leben finde. Dieses Vertrauen hat mir Vertrauen zu mir selbst und zu meinem Handeln gegeben.
Du hast mir die wertvollsten Geschenke gemacht:
Liebe, Vertrauen und Zuversicht.
Unverzichtbare Pfeiler, die mir durch mein Leben helfen.

Mach es gut,
ich vermisse Dich,
Ich danke Dir,
Deine Tochter, Deine Regine

Kurs auf den Grünen Frieden

Greenpeace verbindet eine lange, intensive Geschichte mit dem Meer. Die ersten Aktionen finden 1971/1972 im Pazifik statt, um Atomwaffentests zu verhindern. Bei ihren Friedensfahrten auf den Weltmeeren begegnen die frischgebackenen Umweltschützer vereinzelt Walen und werden auf ihre Bedrohung aufmerksam. Mitte der 70er-Jahre startet Greenpeace die Walekampagne.

Etappensieg: Walfangverbot

Die Wale-Aktionen machen Greenpeace weltweit berühmt. Aktivisten retten einige Meeresgiganten vor den Harpunen und ernten dafür große Anerkennung. Greenpeace nutzt die Welle der Sympathie, um auf politischer Ebene für ein Ende des Walfangs zu streiten. 1982 beschließt die Internationale Walfangkommission (IWC) ein Walfangverbot, das 1986 in Kraft tritt. 1994 richtet sie ein Walschutzgebiet in den Gewässern rund um die Antarktis ein; damit sind rund 90 Prozent der Walbestände unter Schutz gestellt. Dem kontinuierlichen Druck der Nicht-Regierungsorganisationen ist es zu verdanken, dass sich einige Walarten von den blutigen Jagdzügen der letzten Jahrzehnte erholen konnten.

Ausweitung der Umweltaktivitäten

In den 80er-Jahren werden die ökologischen Probleme immer virulenter. Industrieunternehmen verseuchen Meere, Flüsse, Böden und Luft. Die Regenbogenkämpfer benennen die Verursacher und verlangen Abhilfe. Die Kampagne gegen chemische Vergiftung

©Robert Keziere/Greenpeace

Die Gründungsmitglieder Bob Hunter und Ben Metcalfe auf dem Weg zur Alëuten-Insel Amchitka – der erste Widerstand gegen Atomtests beginnt.

©Rex Weyler/Greenp

Aktivisten filmen 1976 aus dem Schlauchboot einen sowjetischen Walfänger. Im Hintergrund das Greenpeace-Schiff Phyllis Cormack.

und Trinkwasserverschmutzung gewinnt an Fahrt, hinzu kommen Aktivitäten gegen sauren Regen und Waldsterben.
Nach dem Super-GAU von Tschernobyl 1986 rückt auch die zivile Nutzung der Atomkraft ins Visier. Wichtige Themen in den 90er-Jahren sind die Rettung der letzten Urwälder, die grüne Gentechnik und der Klimaschutz. Greenpeace wird zu einer weltumspannenden Organisation, die sich in rund 40 Ländern den großen ökologischen Themen widmet.

Gefahren für die Wale heute

Der Schutz der Meere und ihrer Bewohner ist Greenpeace ein wichtiges Anliegen geblieben. Heute bedroht der sogenannte wissenschaftliche Walfang Japans und Norwegens die Wale. Jedes Jahr fallen ihm Hunderte Meeressäuger zum Opfer. Aber auch andere Gefahren lauern, allen voran die industrielle Fischerei. Rund 300.000 Wale und Delfine verfangen sich Jahr für Jahr in den gigantischen Netzen der Riesentrawler. Greenpeace verlangt von der IWC eine Neuorientierung: Sie muss sich um alle Gefahren kümmern, denen die Wale heute ausgesetzt sind.
Greenpeace streitet heute für ein weltweites Netzwerk von Meeresschutzgebieten. Gesunde Meere und Wälder, ein intaktes Klima und eine umweltschonende Energieversorgung sind wichtige Bedingungen für eine lebenswerte Zukunft. Greenpeace nimmt weiter Kurs auf den Grünen Frieden, unterstützt von rund 2,8 Millionen Förderern weltweit.

Greenpeace entdeckt 2007 illegalen Genmais in Brandenburg. Das Feld wurde nicht gemeldet und verstieß damit gegen die Gentechnikverordnung.

Eine Protestaktion gegen neue Kohlekraftwerke: Greenpeace projiziert 2007 eine Diashow auf das Kraftwerk in Herne.

Carlos Eyles

The Blue Edge

Mein Weg zur Seele des Ozeans

€/D 19,95; €/A 20,60; sFr 36,90

ISBN 978-3-440-11046-1

Wie kaum ein Zweiter teilt der Hawaiianer Carlos Eyles sein Leben mit dem Meer.

Im Meer schwimmt und taucht er mit Seelöwen und Delfinen, als wäre er einer von ihnen. Er bewegt sich als Teil riesiger Fischschwärme, ist Begleiter von Walen, Haien und Rochen. Viele Jahre hat Carlos Eyles die Meerestiere beobachtet und von ihnen gelernt, er kennt ihr Verhalten und kann es deuten. Seine Tauchgänge sind atemberaubende Erlebnisse einer nahezu mystischen Reise.

KOSMOS

www.kosmos.de

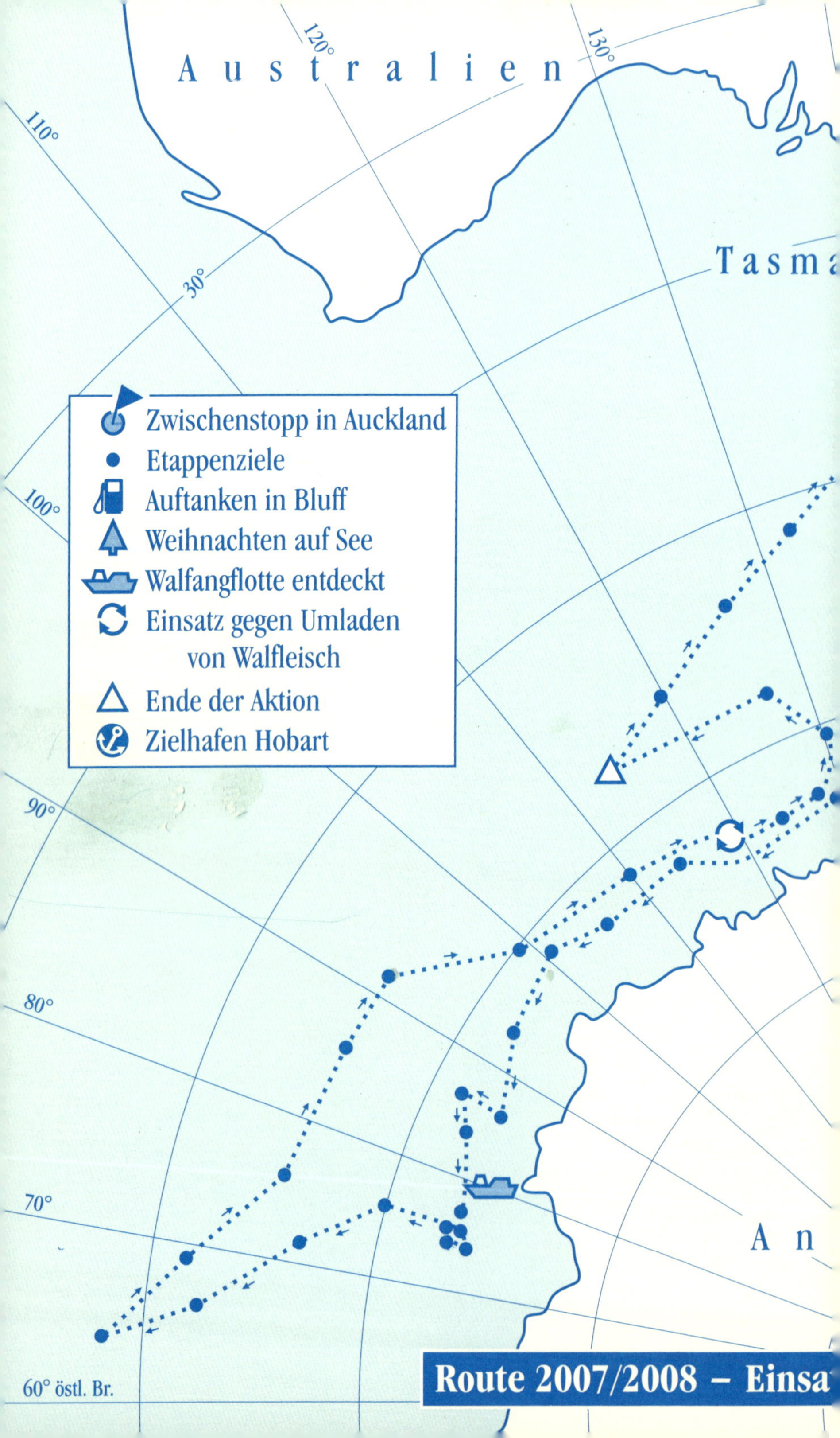
Australien
Tasma
An
110°
120°
130°
30°
100°
90°
80°
70°
60° östl. Br.
Zwischenstopp in Auckland
Etappenziele
Auftanken in Bluff
Weihnachten auf See
Walfangflotte entdeckt
Einsatz gegen Umladen
von Walfleisch
Ende der Aktion
Zielhafen Hobart
Route 2007/2008 – Einsa